高等职业学校"十四五"规划工业机器人技术专业系列教材

工业机器人技术基础

主　编　易　磊
副主编　潘　纹　董文波　赵　楠
　　　　　陈晓娟　郭利伟
参　编　潘　强　黄能会　潘建波

华中科技大学出版社
中国·武汉

内 容 简 介

本书以工作过程为导向,以项目为载体,以典型工作任务为内容,结合工业机器人相关"1+X"证书考试大纲中对工业机器人技术基础及应用的相关知识与技能要求来编写,是职业教育教学改革成果。本书包括工业机器人发展认知、工业机器人结构认知、工业机器人末端执行器认知、工业机器人程序编写、工业机器人典型应用认知等5个项目,每个项目后附有课后练习。

本书以立德树人为宗旨,在编写过程中,将思政元素有机融入教材,突出职业素养与工匠精神的培养,紧密联系工作实际,具有较强的应用性与实践性;注重职业能力与可持续发展能力的培养,满足职业能力对工业机器人技术基础的要求,可作为机电一体化、工业机器人、智能制造及自动化类专业学生的教学用书,也可作为工业机器人考证的指导用书,还可供相关工程技术人员参考。

本书提供相关教学资源,教师可免费获取。

图书在版编目(CIP)数据

工业机器人技术基础/易磊主编. —武汉:华中科技大学出版社,2023.3
ISBN 978-7-5680-9206-7

Ⅰ.①工… Ⅱ.①易… Ⅲ.①工业机器人-基本知识 Ⅳ.①TP242.2

中国国家版本馆 CIP 数据核字(2023)第 040607 号

工业机器人技术基础 易 磊 主编
Gongye Jiqiren Jishu Jichu

策划编辑:万亚军 何家乐
责任编辑:程 青
封面设计:原色设计
责任监印:周治超
出版发行:华中科技大学出版社(中国·武汉) 电话:(027)81321913
        武汉市东湖新技术开发区华工科技园 邮编:430223
录 排:华中科技大学惠友文印中心
印 刷:武汉开心印印刷有限公司
开 本:787mm×1092mm 1/16
印 张:9.25
字 数:237千字
版 次:2023 年 3 月第 1 版第 1 次印刷
定 价:39.80 元

前　　言

近年来,随着"中国制造 2025"的稳步实施和智能制造的加快推进,工业机器人销量进入快速增长期。以"机器换人"为显著特征的智能制造产业转型升级拓展了工业机器人的应用范围,直接导致了工业机器人专业人才的巨大缺口。预计到 2025 年,工业机器人人才需求量将达到 100 万。因此,加强高等职业院校工业机器人相关专业建设,加大工业机器人职业培训力度,注重技术技能型人才培养迫在眉睫。

工业机器人技术基础及应用课程是职业院校工业机器人技术专业、机电一体化技术专业、智能控制技术专业等智能制造及自动化类专业的技术基础课程。课程内容所涵盖的知识与技能要求是从事工业机器人操作、工业机器人程序设计、工业机器人工作站系统集成,以及自动化生产线安装、调试与维护等工作必须具备的基本岗位能力要求。

该书按照"以学生为中心、职业能力为本位、学习成果为导向、促进自主学习"的思路编写,具有便于内容更新、使用方便等特点。该教材作为工业机器人技术专业、机电一体化技术专业和智能控制技术专业等相关专业的规划教材,与传统教材相比,具有以下三个特征。

1.岗课赛证标准融通

本书结合工业机器人相关岗位标准、工业机器人技术基础与应用课程标准、工业机器人相关国赛省赛标准及国家"1+X"工业机器人应用编程(初级)和工业机器人操作与运维(中级)职业技能鉴定标准,提炼出工业机器人技术基础与应用课程的知识点与技能点,将其有机融入所设置的 5 个项目中,实现了岗课赛证标准融通的目标。

2.工作过程导向

本书以工业机器人现场操作技术员岗位的工作过程为主线,以工业机器人博览会为真实工作场景,以典型工作任务为载体,通过基于工作过程的任务引领,使读者在任务分析的基础上制定工作流程与实施方法,并在此基础上完成知识点与技能点的学习,对照任务评价及课后习题,检验知识与技能的掌握情况。

3.思政元素有机融入

依据书中内容提炼思政元素,既包括遵纪守法、爱岗敬业、无私奉献、诚实守信、开拓创新等通用思政元素,也包括工程伦理、科学精神、工匠精神等思政元素,将这些思政元素有机融入所设置的 5 个项目中。

本书项目一由黄冈职业技术学院潘纹编写,项目三由湖南交通职业技术学院易磊编写,项目二中任务一由武汉智慧云未来职业培训学校总监董文波编写,任务二、任务三及思政园地由湖南水利水电职业技术学院赵楠编写,项目四由湖南交通职业技术学院陈晓娟编写,项目五由湖南交通职业技术学院郭利伟编写。同时感谢湖北工业职业技术学院潘强、湖北文理学院理工学院黄能会、重庆轻工职业学院潘建波对本书编写的支持。本书在编写过程中参考了工业机器人相关领域的文献资料,编者在此对相关作者表示衷心的感谢。

由于编者水平有限,书中难免存在疏漏和不足之处,恳请广大读者批评指正。

编　者

2022 年 12 月

目　　录

项目一　工业机器人发展认知

项目情景

某公司为推广企业最新研发产品,展示企业技术服务能力,培养新人,拓展市场,拟组织专业团队参加各地的工业机器人博览会,需要你作为企业技术员在展销会期间对客户就公司研发的工业机器人进行推介,主要内容是工业机器人的认知,包括工业机器人定义与特点、工业机器人类型、工业机器人主要技术参数和工业机器人发展现状及发展趋势等。

任务目标

1. 了解工业机器人的定义与特点。
2. 能区分工业机器人的种类。
3. 能根据生产线工艺要求合理选择工业机器人类型及型号。
4. 了解工业机器人的发展现状与发展趋势。
5. 能向参加博览会的客户介绍工业机器人的特点与类型。

任务描述

我国制造业的转型升级推动了工业机器人产业的快速发展。专业博览会是企业产品推广、业界交流和企业宣传的重要平台。作为公司博览会的现场技术人员,你需要就工业机器人的概念、特点、类型、发展现状及发展趋势与客户交流,根据客户实际需求帮助其选择合适的工业机器人类型与型号。

知识准备

一、工业机器人的定义

随着国内外制造业转型升级速度的加快,工业机器人作为智能化与自动化生产线上的主要设备获得广泛应用,特别是在制造业相关领域。目前,虽然工业机器人在生产线上被广泛应用,但国际上对工业机器人没有统一的定义。国际上对工业机器人的定义主要有以下几种。

搬运冲压
工业机器人
流水线

美国机器人工业协会给出的工业机器人的定义为:工业机器人是用来搬运材料、零件与工具等的,可再编程的多功能机械手,或可通过不同程序的调用来完成各种工作任务的特种装置。

国际标准化组织提出的定义是:工业机器人是一种具有自动控制、可重复编程、多功能、多自由度的操作机,能搬运材料和工件或操持工具来完成各种作业。

日本工业机器人协会对工业机器人的定义是:一种装备有记忆装置和末端执行器,能够转动并通过自动完成各种移动来代替人类劳动的通用机器。

我国将工业机器人定义为：一种自动化的机器，所不同的是这种机器具备一些与人或者生物相似的智能能力，如感知能力、规划能力、动作能力和协同能力，是一种具有高度灵活性的自动化机器。

二、工业机器人的特点

从工业机器人的定义可以看出，工业机器人具有以下特点：

1. 工业机器人的运动通过编写程序实现

工业机器人可随其工作任务的变化进行重复编程，以控制工业机器人运动姿态与轨迹。

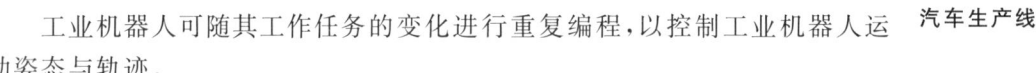

汽车生产线

2. 具有特定的机械机构

工业机器人的机械机构类似人的腰、大臂、小臂、手腕及手爪等部分，其通过模仿人或动物的肢体动作来完成工作任务。

3. 具有通用性

只需更换末端执行器和修改程序，工业机器人即可执行不同的工作任务。

4. 具有独立性

工业机器人在工作过程中自动运行，不需要人的干预。

5. 具有一定的智能

工业机器人具有记忆、感知、推理、决策与学习能力。

三、工业机器人类型

1. 根据结构分类

工业机器人机械结构即机器人本体，根据工业机器人机械结构对应的运动链结构，可将工业机器人分为串联型工业机器人、并联型工业机器人和混联型工业机器人。

宝马涂装　　　工件搬运

1）串联型工业机器人

各连杆组成开式机构链时，所获得的工业机器人结构称为串联型结构。串联型工业机器人如图 1-1 所示。

串联型工业机器人包含从底座到末端执行器的众多连杆与关节，其连杆与关节可实现工业机器人在空间的运动。

串联型工业机器人自由度较多。该型工业机器人在每个连杆上均安装了驱动器，通过减速机驱动下一个连杆。后续连杆的驱动器和减速机为前面驱动系统的负载，因此，前端连杆强度和驱动功率较大。这就决定了这种结构的能量利用率不高。串联型工业机器人通过计算机控制系统实现复杂的空间作业运动。串联型工业机器人具有结构简单、成本低、控制简单、运动空间大等特点，广泛运用于零部件的搬运、装配、焊接及喷涂等场合。

2）并联型工业机器人

末端执行器通过至少两个独立运动链和基座相

图 1-1　串联型工业机器人

连,且组成一闭式机构链时,所获得的工业机器人结构称为并联型结构。六自由度并联型工业机器人如图 1-2 所示。

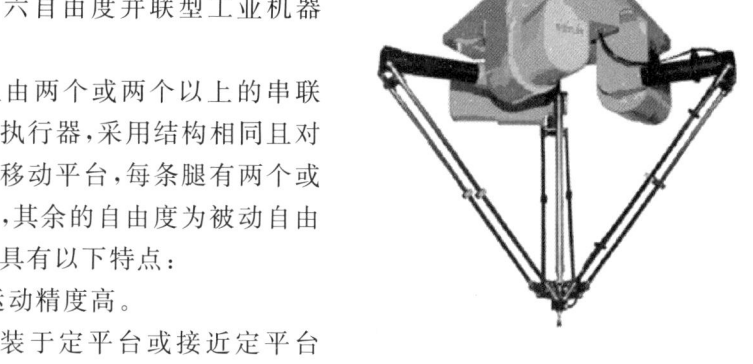

并联型工业机器人由两个或两个以上的串联型工业机器人支撑末端执行器,采用结构相同且对称放置的腿连接基座和移动平台,每条腿有两个或两个以上的主动自由度,其余的自由度为被动自由度。并联型工业机器人具有以下特点:

(1)无累积误差,运动精度高。

(2)驱动装置可安装于定平台或接近定平台的位置上,运动部分质量轻,速度快,动态性能好。

图 1-2　六自由度并联型机器人

(3)刚度大,结构稳定,承载能力强。

(4)具有较好的各向同性。

(5)运动空间小且较为对称。

并联型工业机器人由于具有以上特点,被广泛应用于零部件装配、物料搬运及上下料、工件打磨和零件雕刻等需要高刚度、高精度或大负载且工作空间较小的场合,特别是在航天工业和食品行业获得广泛应用。

3)混联型工业机器人

将串联型工业机器人和并联型工业机器人有机结合起来的结构,称为混联型工业机器人。混联型工业机器人在结构上可分为三种形式。

(1)并联机构通过其他机构串联而成。此类混联型工业机器人指将基于串联结构的某个关节或杆件以并联机构替换。

(2)并联机构直接串联在一起。这类混联型工业机器人指将多个并联机构以串联工业机器人的设计思路进行结构设计,如将具有多个相同或不同自由度的并联机构通过转动副或移动副等其他运动副的形式串联在一起,增大工业机器人的柔性。

(3)在并联机构的支链中采用不同的结构。这类混联型工业机器人是对并联机构的支链进行变形,尤其是替换或嵌入其他的并联机构,如将具有多个相同或不同自由度的并联机构作为并联型工业机器人的某一个或多个支链。

混联型工业机器人具有并联型工业机器人刚度大、承载能力强、速度高及精度高的特点,同时,其末端执行器也拥有串联型工业机器人运动空间大、控制简单、操作灵活等特性,多用于高运动精度的场合。其不仅常用于食品、医药、3C、日化、物流等行业中的理料、分拣、转运,而且凭借多角度拾取优势,其应用范围得以扩大。

混联型工业机器人常见的有 3P-2R 和 3P-3R 两种组成结构。

混联五轴工业机器人由 3P-2R 结构组成,即三自由度的并联机构与二自由度的串联机构组成,将并联机构处理快速、精度高与串联机构末端拾取位姿灵活的特点相结合,可实现将平行放置的物料沿水平方向 x 轴±360°及沿竖直方向 y 轴±90°翻转放置操作。该机器人在一次作业中对上半曲面的物料进行拾取,故而五自由度可以满足灵活作业的要求。高速高精度的优势可让该机器人在 3C、食品、药品、日化等多个行业实现理料、分拣、灌装等工艺的实际应用。

混联六轴工业机器人由 3P-3R 结构组成,即三自由度的并联机构与三自由度的串联机

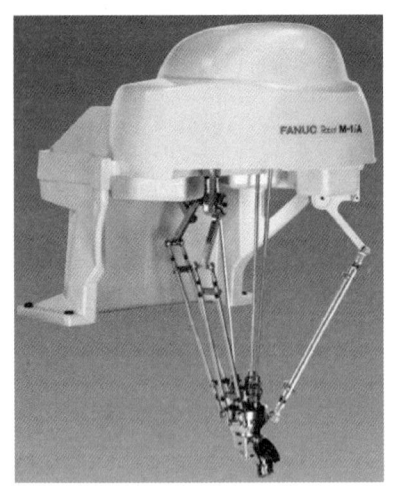

图1-3　混联型工业机器人

构组成,实现了六自由度更大空间的运行,在保持原有并联机构的特点之时,还具有拾取物品位姿随机、末端摆放自由灵活、理料与分拣双工艺结合的特点。运用3D相机完成立体物料的视觉信息捕捉后,机器人根据物料在三维空间内的位置与角度判断,可弥补以往工业机器人只能进行平面抓取的弊端,实现对堆叠来料的快速理料,同时也开发了对不规则、不平整来料进行涂胶与注塑等工艺,丰富了应用场景。混联型工业机器人结构如图1-3所示。

2. 根据坐标系分类

按照坐标系分,工业机器人可分为直角坐标型工业机器人、圆柱坐标型工业机器人、球坐标型工业机器人和关节坐标型工业机器人。

1）直角坐标型工业机器人

直角坐标型工业机器人又称为笛卡儿坐标型工业机器人,指在工业应用中,能够实现自动控制的、可重复编程的、在空间上具有相互垂直关系的三个独立自由度的多用途机器人。

直角坐标型工业机器人有悬臂式和龙门式两种形式。该型机器人的手臂按直角坐标形式配置,即通过三个互相垂直轴线上的移动改变手部的空间位置。直角坐标型工业机器人大多以由伺服电动机或步进电动机驱动的单轴机械臂为基本工作单元,以滚珠丝杠、同步带及齿轮齿条等常用传动方式连接,使各运动自由度之间形成空间直角关系。直角坐标型工业机器人具体结构如图1-4所示。

直角坐标型工业机器人的工作方式主要是沿x、y、z轴线性运动,其特点如下:

（1）多自由度运动,每两个运动自由度之间的空间夹角为直角;

（2）空间运动所受的约束少,重复精度和定位精度高;

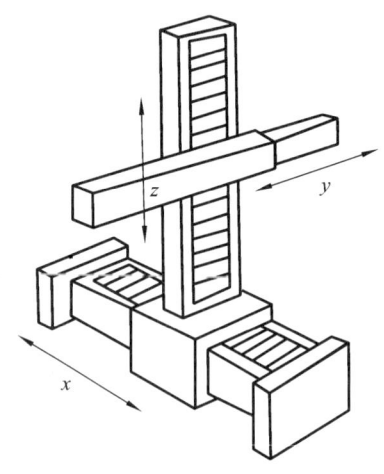

图1-4　直角坐标型工业机器人

（3）其坐标系各轴平行于机械臂,故易于编程;

（4）承载能力大,刚度大,可靠性高,运行速度快;

（5）由于工业机器人只能沿三个轴运动,因此虽然可通过安装末端执行器组件提高其灵活性,但运动依然受到一定限制。

直角坐标型工业机器人可以非常方便地用于各种自动化生产线中,可以完成诸如焊接、搬运、上下料、包装、码垛、检测、探伤、分类、装配、贴标、喷码、打码、喷涂、目标跟随、排爆等一系列工作。

2）圆柱坐标型工业机器人

圆柱坐标型工业机器人是指轴能够形成圆柱坐标系的机器人。其结构主要由一个旋转基座形成的转动关节和垂直、水平移动的两个移动关节构成。圆柱坐标型工业机器人末端执行器的姿态由(z、r、θ)决定。

圆柱坐标型工业机器人的手臂按圆柱坐标形式配置,即通过两个移动和一个转动实现手部空间位置的改变。此类工业机器人在基座水平转台上安装有立柱,立柱上安装水平臂或杆架,水平臂可沿立柱上下运动,并可在水平方向上伸缩。该型工业机器人结构如图 1-5 所示。

圆柱坐标型工业机器人具有空间结构小,工作范围大,末端执行器速度高、控制简单、运动灵活等优点。缺点在于工作时,必须有沿 r 轴线前后方向的移动空间,空间利用率低。目前,圆柱坐标型工业机器人主要用于重物的装卸、搬运等作业。

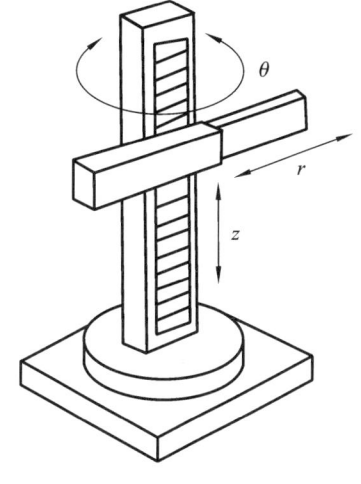

图 1-5　圆柱坐标型工业机器人

3）极坐标型工业机器人

极坐标型工业机器人一般由两个回转关节和一个移动关节构成,其轴线按极坐标配置,r 为移动坐标,β 是手臂在竖直面内的摆动角,θ 是绕手臂支撑底座垂直的转动角。这种工业机器人运动所形成的轨迹表面是半球面,所以又称为球坐标型工业机器人。极坐标型工业机器人的手臂按球坐标形式配置,其手臂的运动由一个直线运动和两个转动组成。手臂不仅可绕垂直轴旋转,还可以绕水平轴做俯仰运动,手臂可做伸缩运动。其结构如图 1-6 所示。

该型工业机器人本体所占的空间小,结构紧凑,中心支架附近的工作范围大,伸缩关节的线位移恒

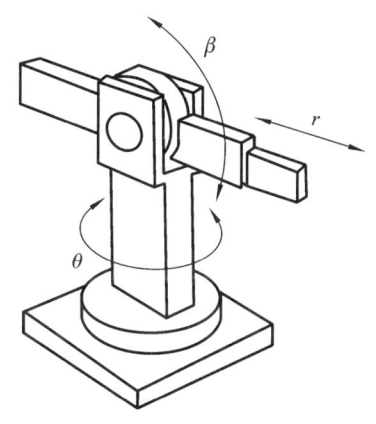

图 1-6　极坐标型工业机器人

定。但球坐标型工业机器人坐标复杂,轨迹求解困难,难以控制,且转动关节在末端执行器上的线位移分辨率是一个变量。

4）关节坐标型工业机器人

关节坐标型工业机器人,也称关节手臂工业机器人或关节机械手臂,是当今工业领域应用最为广泛的一种机器人。该型工业机器人一般由多个转动关节串联若干连杆组成,其运动由前后的俯仰运动及立柱的回转运动构成。多关节型工业机器人按照关节的构型又可分为垂直多关节型和水平多关节型工业机器人。

关节坐标型工业机器人根据结构有不同的分类,其中 6 轴串联型工业机器人是使用最多的关节坐标型工业机器人,其如图 1-7 所示。

该型工业机器人具有如下特点:

（1）工作空间大;

（2）运动分析较为容易;

（3）能有效避免驱动轴之间的耦合效应;

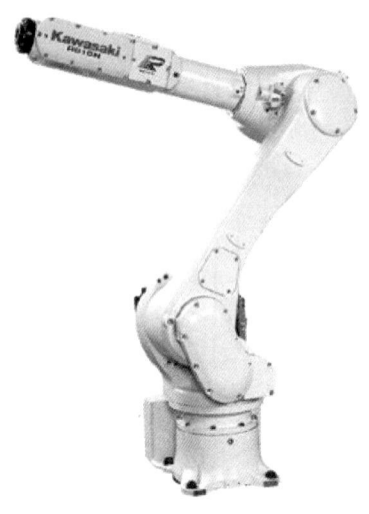

图 1-7 关节坐标型工业机器人

（4）各轴独立控制,需安装传感器以提高运动精度。

基于以上特点,关节坐标型工业机器人对装配、喷涂、焊接等多种作业都有良好的适应性,且适合电动机驱动,关节密封、防尘比较容易。

3. 根据控制方式分类

根据工业机器人控制方式的不同,可将工业机器人分为非伺服控制工业机器人和伺服控制工业机器人。

1）非伺服控制工业机器人

非伺服控制工业机器人又称为端点机器人或开关式机器人。该型机器人的主要特点是:轴保持运动,直至走完各自的行程范围为止。每个轴只设定两个位置,即起始位置和终止位置。轴运动通过定位挡块实现停止功能,运动过程无反馈,属于开环控制系统。

一般小型工业机器人常采用非伺服控制,其特点如下:

（1）臂的尺寸小且轴的驱动电动机满动力输出,故其速度相对较高。

（2）成本低,易于操作与维护。

（3）工作重复性可达±0.254 mm。

（4）在定位和编程方面缺乏灵活性。

2）伺服控制工业机器人

伺服控制工业机器人分为连续控制工业机器人和点到点控制工业机器人。该型机器人在运行中其位置和速度通过传感器进行连续检测,并将检测数据反馈给机器人控制系统,属于闭环控制系统。

与非伺服控制工业机器人相比,伺服控制工业机器人具有以下特点:

（1）存储器容量大。

（2）末端执行器可按点到点、直线和连续轨迹方式运动。

（3）在允许的极限范围内,位置精度可通过调节伺服回路中相应放大器的增益改变。

（4）编程一般以示教形式完成。

（5）机器人各轴可协同运动,适用于复杂运动轨迹的场合。

（6）价格高。

四、工业机器人主要技术参数

工业机器人的主要技术参数包括:自由度、定位精度、重复定位精度、工作范围、最大速度、承载能力、刚度及分辨率等。

1. 自由度

自由度又称为坐标轴数,是指机器人所具有的独立运动坐标轴的数目,不包括末端执行器的开合自由度。

工业机器人的自由度是由其工作任务决定的。一般在三维空间中描述一个物体的位置与姿态需要 6 个自由度。工业机器人一般具有 6 个自由度,但可能大于 6 个自由度,也可能小于 6 个自由度。工业机器人的自由度大于 6 个,称为自由度冗余。具有自由度冗余的工业机器人的运动灵活性和动力性能更好。

2. 定位精度

定位精度是指机器人到达指定点的精确程度,即机器人末端执行器实际到达位置与目标位置之差。差值越小,定位精度就越高。定位精度的大小取决于机器人制造工艺、驱动器分辨率及反馈装置。目前,一般工业机器人的定位精度在 $\pm 0.01 \sim \pm 0.08$ mm 之间。

3. 重复定位精度

重复定位精度是指工业机器人在相同条件下采用同一种方法操作时,重复 n 次所测得的位置与姿态的一致程度,常采用标准偏差这个统计量来表示。重复定位精度值越小,运动精度就越高。一般情况下,重复定位精度值呈正态分布,其值大小与机器人驱动器分辨率及反馈装置有关,还受机器人进给系统间隙、刚度和摩擦特性等因素影响。

4. 工作范围

工作范围是指机器人末端执行器或手腕中心所能到达的所有点的集合,也称为工作区域。因工业机器人末端执行器的尺寸与形状千差万别,为了真实反映机器人的特征参数,工作范围不包括末端执行器的尺寸。工作范围的选取与工业机器人的作业空间有关,应确保工业机器人在执行作业时没有作业死区。

机器人工作
空间

5. 最大速度

最大速度是指各轴联动情况下,机器人手腕中心所能达到的最大线速度。典型的工业机器人末端执行器最大速度可达 20 m/s。工作速度越高,机器人工作效率也越高,但是,工作速度越高,对机器人的最大加速度要求也越高。

6. 承载能力

承载能力是指机器人在工作范围内的任意位置上所能承受的最大质量。承载能力不仅与负载的质量有关,还与末端执行器的质量和惯性有关,而且与机器人运行的速度和加速度的大小与方向有关。

7. 刚度

刚度是指机器人机身或臂部在外力作用下抵抗弹性变形的能力。刚度值用外力和在外力作用下机身或臂部的变形量之比表示。刚度越大,机器人在负载下运行越平稳。

8. 分辨率

分辨率是指机器人末端执行器所能移动的最小增量距离。分辨率越小,机器人运动精度越高。但分辨率升高,控制系统稳定性下降。因此,选择满足运行要求的分辨率至关重要。

五、工业机器人的发展

1. 工业机器人国外发展史

1959 年,乔治·德沃尔和约瑟·英格伯格发明了世界上第一台工业机器人,命名为 Unimate。该工业机器人功能与人的手臂功能相似,大臂安装在基座上,大臂可绕基座回转。大臂上安装有一个前臂,该前臂可相对大臂实现伸缩运动。前臂顶端是腕部,腕部可绕前臂运动,以实现俯仰与侧摆功能;在腕部的前面还安装了手部(末端执行器)。该工业机器人重达 2 t,采用液压驱动,利用磁鼓上的程序进行运动控制。该工业机器人于 1961 年在美国通用汽车公司安装运行,用于汽车零部件的生产。

1962 年,美国机械与铸造公司制造出世界上第一台圆柱坐标型工业机器人,命名为 Verstran。该型工业机器人用于美国福特汽车公司汽车零部件的生产。

1967 年,Unimate 机器人在瑞典安装运行,成为欧洲安装运行的第一台工业机器人。

1968 年,日本开始引进工业机器人技术开发自己的工业机器人。日本川崎重工业株式会社从美国引进 Unimate 机器人生产技术,通过消化、仿制、改进和创新,生产出日本第一台工业机器人——Kawasaki Unimate 2000。

1969 年,美国通用汽车公司在其汽车装配厂安装了世界上首台点焊机器人 Unimation。该工业机器人用于汽车车身焊接作业,极大地提高了工作效率,降低了工人劳动强度。

1969 年,挪威 Trallfa 公司生产了世界上第一台商用喷漆机器人。

1973 年,德国 KUKA 公司研制了世界上第一台电动机驱动的 6 轴机器人,命名为 Famulus。

1974 年,美国辛辛那提米拉克龙公司开发了世界上第一台由计算机控制的工业机器人,命名为 T3。该工业机器人采用液压驱动,有效负载 45 kg。

1974 年,瑞典 ABB 公司研发了世界上第一台全电控式工业机器人 IRB6,用于工件的取放和物料的搬运。

1978 年,美国 Unimation 公司生产出通用工业机器人 PUMA,标志着工业机器人技术完全成熟。

1978 年,日本山梨大学的牧野洋发明了装配机器手臂 SCARA。该型工业机器人具有 4 个自由度,主要用于物料的搬运和零部件的装配。

20 世纪 80 年代以后,机器人技术发展迅速。日本和欧洲成为工业机器人市场的两大主角,实现了工业机器人用传感器、控制器、高精度减速机等核心零部件的完全自主化。瑞典 ABB 公司、德国 KUKA 公司、日本安川机器人公司和 FANUC 公司成为世界上四大机器人生产商,占据着工业机器人市场的主要份额。

2. 我国工业机器人发展史

20 世纪 70 年代,我国开始研究工业机器人。我国工程研究与技术人员紧跟国外工业机器人技术发展趋势,在工业机器人科学研究、技术开发与工程应用等方面取得长足进步。自 20 世纪 80 年代起,在我国科技攻关项目的支持下,国内工业机器人研究进入新阶段,在焊接、装配、喷涂、搬运和码垛等工业机器人研发、工业机器人零部件设计与制造和工业机器人控制与系统集成技术等方面均取得了丰硕成果。

我国工业机器人产业从无到有,从弱到强,实现了跨越式发展。随着我国"中国制造 2025"战略的实施,制造业转型升级的加速推进,我国工业机器人市场发展迅速,年均增长超过 40%,到 2025 年,国内工业机器人保有量预计将超过 100 万台。目前,我国已成为全球最大的工业机器人市场。

3. 工业机器人的发展趋势

随着全球人工智能技术的发展和市场需求的变化,工业机器人技术正在向智能化、模块化和系统集成化方向发展,主要发展趋势表现为:

1)工业机器人模块化和可重构化

模块化和可重构化是指工业机器人可根据用户需求,结合工作任务与环境的变化灵活重构机械模块和控制系统,装配成适应不同工作任务的几何构型,可有效提高工业机器人生产效率,降低生产成本,提高市场竞争力和响应速度。

2)控制技术的开放化、PC 化和网络化

目前的工业机器人可实现简单的网络通信与控制。而随着自动化生产线的复杂程度和智能化程度的提升,对多工业机器人协调运动、工业机器人之间的实时信息交换、远距离操作监控及维护等均提出了更高要求,促使控制技术的开放化、PC化和网络化成为新的工业机器人研究方向。

3)多传感器融合技术在工业机器人中的广泛应用

在工业机器人中采用多传感器融合技术,就是把分布在不同位置的多个同类或不同类传感器所提供的局部数据资源进行整合,以实现工业机器人的实时与高效控制。

4)多工业机器人协同运动

多工业机器人协同运动是指系统通过任务分配、路径规划与信息传递等手段,完成单台工业机器人无法完成的复杂任务。多工业机器人协同运动技术的发展,将使工业机器人更好地适应自动化生产线的技术进步。

5)工业机器人技术与人工智能技术相结合

随着人工智能技术的快速发展,工业机器人将被赋予更多智能,有利于实现工业机器人传感检测技术、人工智能技术、人机交互技术与机器人技术的深度融合,进而实现工业机器人直接与人类共同工作,与外围设备进行实时有效互动,可有效提升工业机器人系统工作过程中的协作能力。

任务实施

为完成在工业机器人博览会上对客户就公司工业机器人产品进行介绍的工作任务,需完成以下工作:

(1)明确需介绍的公司产品——工业机器人的主要内容;

(2)收集公司生产的工业机器人结构、特点及应用的相关资料;

(3)了解客户需求,提出可行性方案;

(4)与客户深入交流方案实施过程;

(5)对与客户交流沟通过程进行记录并整理相关资料文档;

(6)填写任务工单。

任务工单如表1-1所示。

表1-1　工业机器人发展认知任务工单

姓名		学号		地点
班级		时间		
工业机器人发展认知任务工单				
序号	主要工作内容		完成情况	备注
1	明确需介绍的公司产品——工业机器人的主要内容			
2	收集公司生产的工业机器人结构、特点及应用的相关资料			
3	了解客户需求,提出可行性方案			
4	与客户深入交流方案实施过程			
5	对与客户交流沟通过程进行记录并整理相关资料文档			
教师评分:			教师签名:	

考核评价

完成该任务后,应全面掌握工业机器人概念、特点、类型、主要技术参数与发展趋势,能根据客户生产线工艺要求合理选择工业机器人类型及型号,并提供切实可行的实施方案。请根据表 1-2 对照检查是否掌握了该任务实施过程中所需的知识点与技能点,是否具备了相关职业素养。

任务考核评价包括学生自评、学生互评、教师评价等三个维度。

表 1-2　工业机器人发展认知任务考核与评价

序号	评分点	评分标准	不同评价维度得分		分项得分
1	能清晰地表述工业机器人的定义和特点(10 分)	表述清晰正确得 10 分,表述基本正确得 6 分,不正确不得分	学生自评		
			学生互评		
			教师评价		
2	能正确认知工业机器人类别(10 分)	认知正确得 10 分,认知基本正确得 6 分,认知错误不得分	学生自评		
			学生互评		
			教师评价		
3	能根据客户需求帮助其选择合适的工业机器人类型及型号(40 分)	选择正确得 40 分,选择基本正确得 24 分,选择错误不得分	学生自评		
			学生互评		
			教师评价		
4	能正确表述工业机器人的发展现状与趋势(10 分)	表述正确得 10 分,表述基本正确得 6 分,表述错误不得分	学生自评		
			学生互评		
			教师评价		
5	能正确填写任务工单(10 分)	填写正确得 10 分,填写基本正确得 6 分,填写不正确,每项扣 2 分,扣完为止	学生自评		
			学生互评		
			教师评价		
6	体现良好的职业素养(20 分)	与客户交流中体现良好的职业素养,包括穿着、言谈举止、敬业精神、团队意识等方面。根据以上评分点扣分,每违反一项扣 5 分,扣完为止	学生自评		
			学生互评		
			教师评价		

总评得分:

教师签名:　　　　　　　学生 A 签名:　　　　　　　学生 B 签名:

考核评价时间:

注:分项得分＝学生自评×20％＋学生互评×30％＋教师评价×50％。

课 后 练 习

1. 简述工业机器人的概念。
2. 简述工业机器人的特点。

3. 工业机器人按控制方式分为哪几类？各有什么特点？

4. 工业机器人的主要技术参数有哪些？

5. 简述工业机器人的发展趋势。

微信扫码测试

思 政 园 地

"互联网＋"创新创业大赛里走出的工业机器人

党的十九大报告指出，要"坚定实施科教兴国战略"，并指出要"培养造就一大批具有国际水平的战略科技人才、科技领军人才、青年科技人才和高水平创新团队"。李克强总理指出：大学生是实施创新驱动发展战略和推进大众创业、万众创新的生力军，既要认真扎实学习、掌握更多知识，也要投身创新创业、提高实践能力。各高校大学生作为创新创业新生代主力军，应深耕专业所学，促进"互联网＋"新业态形成和服务经济提质增效升级。

西安交通大学，第七届中国国际"互联网＋"大学生创新创业大赛金奖：YOUIBOT——行业领先的复合移动机器人及解决方案提供商。基于多传感器融合的全局定位方法和基于激光雷达的SLAM地图构建算法，优艾智合实现了机器人高精度的定位和快速建图，同时利用多机协作调度系统和场内物流管理系统实现了从原料仓到成品库全场景闭环的机器人部署。

东北大学，第七届中国国际"互联网＋"大学生创新创业大赛银奖：管道侦察兵——全球深海管道内检测机器人的领军者。管道侦察兵是首款具有完全自主知识产权的新型深海管道全息内检测机器人，打破了国外技术垄断，弥补了该领域国产空白，为我国深海管道安全运输保驾护航。

江西交通职业技术学院，第七届中国国际"互联网＋"大学生创新创业大赛银奖：顶力箱助——预制构件静载检测机器人。该机器人由运载汽车、随车吊、反力装置、量测装置、操控系统及数据采集和分析系统组成。检测工程师通过手机APP操控机器人，进行反力横梁顶升、调运配重块形成反力装置，指令双控测力计用"顶力"实施快速加载，采用独特设计的拖拽式传感器"箱助"，快速完成传感器安装和数据采集。

柳州职业技术学院，第七届中国国际"互联网＋"大学生创新创业大赛银奖：焊匠——一站式工业机器人焊接引领者。采用专用变位机＋机器人程序轨迹设计实现产品360°无死角焊接，可得到理想的加工位置和焊接速度。

项目二 工业机器人结构认知

项目情景

某公司为推广企业最新研发产品,展示企业技术服务能力,培养新人,拓展市场,拟组织专业团队参加各地的工业机器人博览会,需要你作为企业技术员在展销会期间对客户就公司研发的工业机器人进行推介,主要内容是给客户介绍工业机器人机械结构、传感系统及控制系统,并就公司生产的工业机器人的机械结构、传感和控制系统特点与客户交流。

任务一 工业机器人机械结构认知

任务目标

1. 了解工业机器人机械结构的组成。
2. 熟悉工业机器人机械结构的特点。
3. 能向参加展会的客户介绍工业机器人机械结构与特点。

任务描述

我国制造业的转型升级推动了工业机器人产业的快速发展。专业展会是企业产品推广、业界交流和企业宣传的重要平台。作为公司展会的现场技术人员,你需要就工业机器人机械结构及特点与客户交流,帮助客户了解工业机器人机械结构及特点,为选择合适的工业机器人类型及型号提供依据。

知识准备

一、工业机器人机械结构系统组成

工业机器人
本体

工业机器人机械结构主要由基座、臂部、腕部和手部构成,如图 2-1 所示。

1. 工业机器人基座

基座是整个机器人的支持部分,有固定式和移动式两类。移动式基座可以扩大机器人的活动范围,有的是专门的行走装置,有的是轨道、滚轮机构。基座必须有足够高的刚度和稳定性。

1)工业机器人固定式基座

机器人固定式基座结构比较简单。固定式机器人的安装方式主要分为直接地面安装、台架式安装和底板式安装三种。

(1)工业机器人直接安装在地面时,将底板埋入混凝土中或者用地脚螺栓固定。底板要求稳固,以承受工业机器人本体传递过来的反作用力。底板与机器人基座之间用高强度螺栓连接。安装方式如图 2-2 所示。

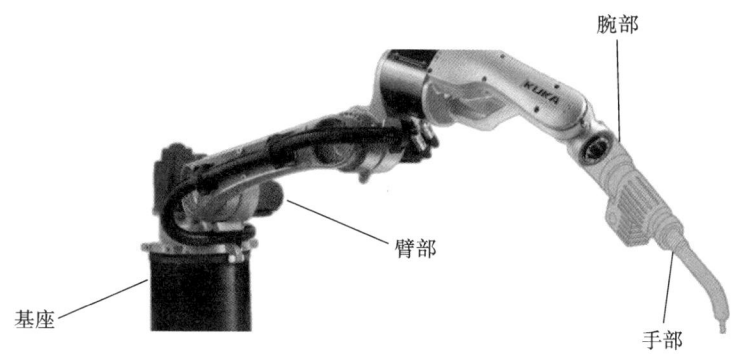

图 2-1　工业机器人机械结构

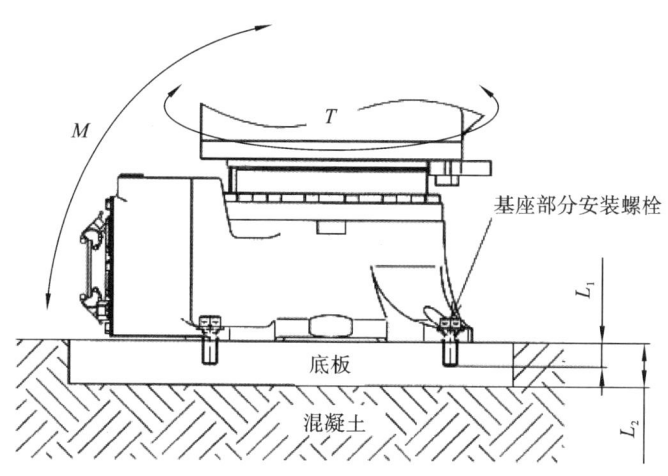

图 2-2　工业机器人直接安装在地面的安装方式

（2）工业机器人台架式安装的要领与机器人基座直接安装在地面上的基本相同。机器人基座与台架用高强度螺栓固定连接，台架与底板用高强度螺栓固定连接。安装方式如图 2-3 所示。

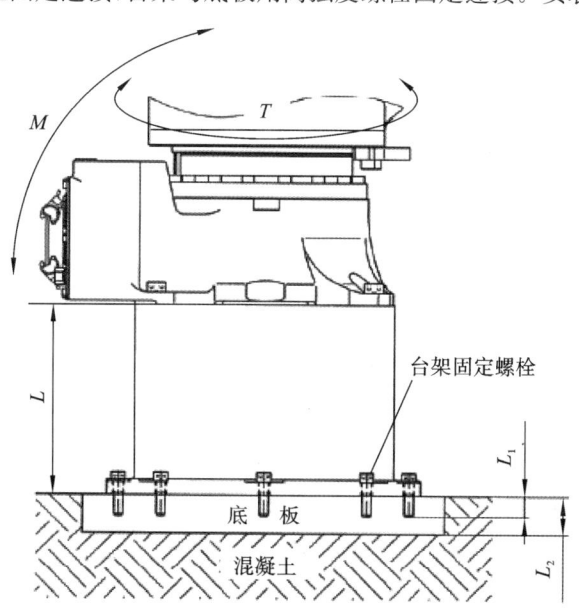

图 2-3　工业机器人台架式安装

（3）机器人基座用底板安装在地面上时，用螺栓孔将底板安装在混凝土地面或钢板上。机器人基座与底板用高强度螺栓固定连接。安装方式如图 2-4 所示。

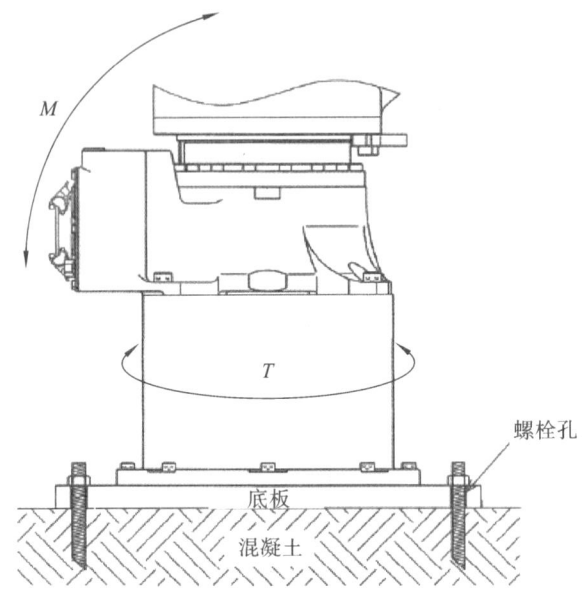

图 2-4　工业机器人底板式安装

2）工业机器人移动式基座

移动式基座也称行走机构，是行走机器人的重要执行部件，它由行走的驱动装置、传动机构、位置检测元件和传感器、电缆及管路等组成。它一方面支撑机器人的机身、臂部和手部，另一方面根据工作任务的要求，带动机器人实现更大空间内的运动。行走机构按其行走运动轨迹可分为固定式和无固定式两种方式。

（1）固定行走式机器人。

固定行走式工业机器人的机身底座安装在一个可移动的托板座上，靠丝杠螺母驱动，整个机器人沿丝杠纵向移动，如图 2-5 所示。这类机器人除了采用这种直线驱动方式外，有时也可采用类似起重机梁行走式，如图 2-6 所示。这种可移动机器人主要用于作业区域大的领域，比如大型设备、立体化仓库中的材料搬运、材料码垛和储运、大面积喷涂等。

图 2-5　导轨固定行走式机器人

图 2-6　倒挂固定行走式机器人

（2）无固定行走式机器人。

一般而言，无固定行走式机构主要有轮式行走机构（见图2-7）、履带式行走机构（见图2-8）、足式行走机构（见图2-9）。此外，还有适用于各种特殊场所的步进式行走机构、蠕动式行走机构、混合式行走机构和蛇形式行走机构等。

图2-7 轮式行走机器人

图2-8 履带式行走机器人

图2-9 足式行走机器人

2．工业机器人臂部

工业机器人的臂部是连接基座和腕部的部件，用来支撑腕部和手部，实现较大的运动范围。臂部一般由大臂、小臂或多臂组成。臂部总质量较大，受力一般比较复杂，在运动时直接承受腕部、手部和工件的静、动载荷，尤其是在高速运动时，将承受较大的惯性力或惯性力矩，引起冲击，影响定位精度。

1）工业机器人臂部的运动和组成

（1）臂部的运动。

对圆柱坐标系机器人而言，要完成空间的运动至少需要三个自由度，即垂直移动、径向移动和回转运动。

①垂直移动 垂直移动是指机器人臂部的上下运动。这种运动通常采用液压缸机构或通过调整机器人机身在垂直方向的安装位置来实现。

②径向移动 径向移动是指臂部的伸缩运动。机器人臂部的伸缩运动会使其臂部的工作范围发生变化。

③回转运动 回转运动是指机器人绕竖直轴的转动。这种运动决定了机器人的臂部所

能到达的位置。

（2）臂部的组成。

机器人的臂部主要包括臂杆以及与其伸缩、屈伸或自转等运动有关的传动装置、导向定位装置、支撑连接和位置检测元件等，此外，还有与之连接的支撑等有关的构件、配管配线。根据运动和布局、驱动方式、传动和导向装置不同，臂部可分为动伸缩臂、屈伸缩臂及其他专用的机械传动臂。

2）工业机器人臂部的配置

机身和臂部的配置形式基本上反映了机器人的总体布局。机器人的作业环境和场地等因素的不同导致了各种不同的配置形式。目前有横梁式、立柱式、基座式和屈伸式四种。

（1）横梁式配置。

机身设计成横梁，用于悬挂手臂部件，如图 2-10 所示，这类机器人的运动形式大多为移动式。它具有占地面积小、能有效利用空间、动作简单直观等优点。

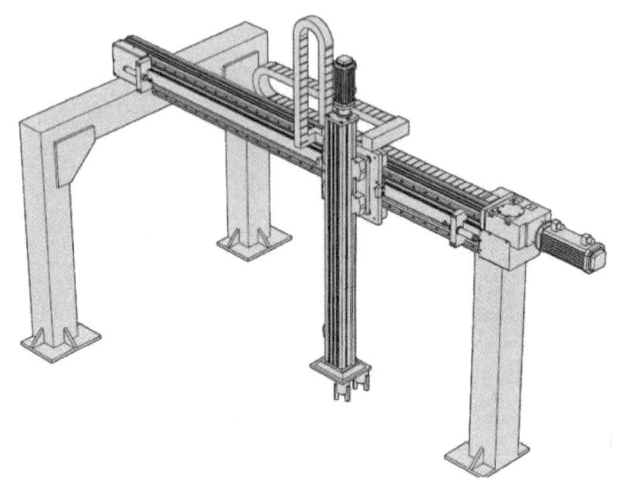

图 2-10　横梁式配置

横梁可以安装固定式工业机器人，也可以安装行走式工业机器人，一般安装在厂房原有建筑的柱梁或有关设备上，也可以在地面上架设。

（2）立柱式配置。

立柱式机器人多采用回转型、俯仰型或屈伸型的运动形式，是一种常见的配置形式，常分为单臂式和双臂式两种，如图 2-11、图 2-12 所示。一般臂部可以在水平面内回转，具有占地面积小、工作范围大的特点。

立柱可固定安装在空地上，也可以固定在机床上。立柱式机器人结构简单，服务于某种主机，承担上下料或转运等工作。

（3）基座式配置。

基座式机器人可以是独立的、自成系统的完整装置，可以随意安放和搬动，也可以沿地面上的专用轨道移动，以扩大其活动范围。

（4）屈伸式配置。

机器人的臂部由大小臂组成，大小臂间有相对运动，称为屈伸臂。屈伸臂与机身一起，结合机器人的运动轨迹，既可以实现平面运动，也可以实现空间运动。

图 2-11　单臂式立柱配置

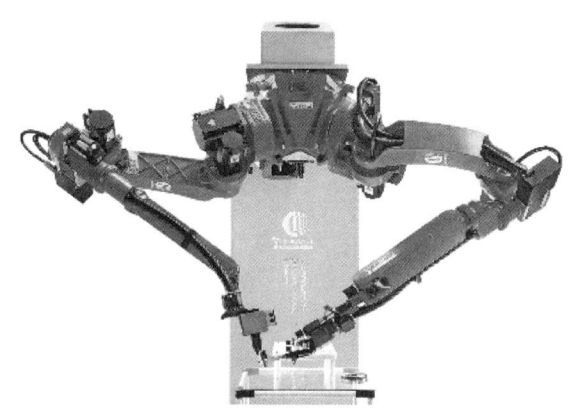

图 2-12　双臂式立柱配置

3．工业机器人腕部

机器人腕部是连接末端执行器和臂部的部件,它的作用是调节或改变工件的方位,因而它具有独立的自由度,以使机器人末端执行器满足复杂的动作要求。

工业机器人一般需要 6 个自由度才能使手腕达到目标位置并处于期望的姿态。为了使手腕能处于空间任意方向,要求手腕能实现对空间三个坐标轴 x、y、z 的转动,即具有翻转、俯仰和偏转三个自由度,如图 2-13 所示。

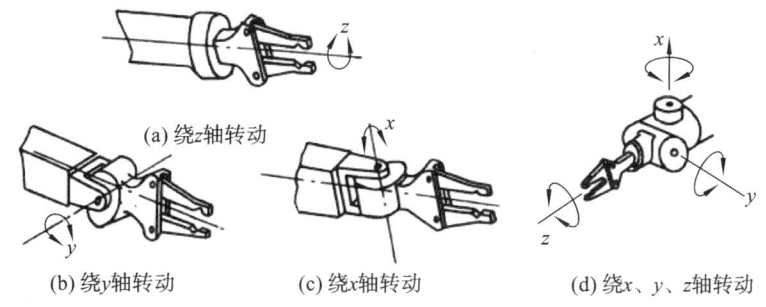

(a) 绕 z 轴转动

(b) 绕 y 轴转动　　(c) 绕 x 轴转动　　(d) 绕 x、y、z 轴转动

图 2-13　手腕的自由度

通常把手腕的翻转称为 ROLL,用 R 表示;把手腕的俯仰称为 PITCH,用 P 表示;把手腕的偏转称为 YAW,用 Y 表示。

手腕的分类方式有两种。

（1）按自由度数目来分。

手腕按自由度数目来分，可分为单自由度手腕、2自由度手腕和3自由度手腕。

①单自由度手腕如图2-14所示。图2-14（a）是一种翻转（roll）关节（简称R关节），手臂纵轴线和手腕关节轴线构成共轴形式。这种R关节旋转角度大，可达到360°以上。图2-14（b）（c）是一种折曲（bend）关节（简称B关节），关节轴线与前后两个连接件的轴线相垂直。这种B关节因为受到结构上的干涉，旋转角度小，方向角受到限制。图2-14（d）所示为移动关节。

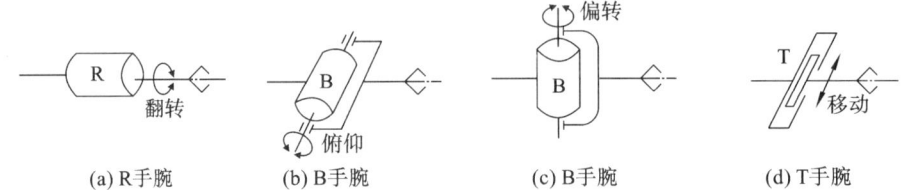

图2-14 单自由度手腕

②2自由度手腕如图2-15所示。2自由度手腕可以是由一个R关节和一个B关节组成的BR手腕（见图2-15（a）），也可以是由两个B关节组成的BB手腕（见图2-15（b））。但是，不能是由两个R关节组成的RR手腕，因为两个R关节共轴线，所以自由度减少了一个，实际只构成了单自由度手腕，如图2-15（c）所示。

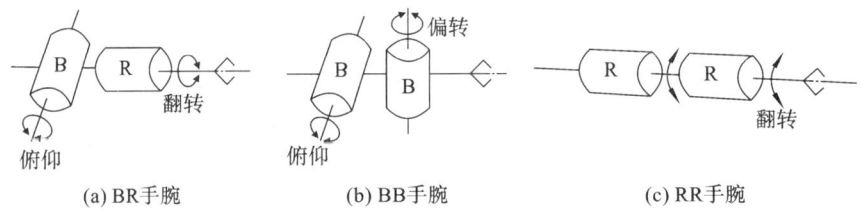

图2-15 2自由度手腕

③3自由度手腕如图2-16所示。3自由度手腕可以是由B关节和R关节组成的许多形式。图2-16（a）所示是通常见到的BBR手腕，使手部具有俯仰、偏转和翻转运动，即RPY运动。图2-16（b）所示是由一个B关节和两个R关节组成的BRR手腕，为了不使自由度退化，使手部产生RPY运动，第一个R关节必须进行如图所示的偏置。图2-16（c）所示是由3个R关节组成的RRR手腕，它也可以实现手部RPY运动。图2-16（d）所示是BBB手腕，很明显，它已退化为2自由度手腕，只有PY运动，实际上不采用这种手腕。此外，B关节和R关节的排列次序不同，也会产生不同的效果，同时产生其他形式的3自由度手腕。为了使手腕结构紧凑，通常把两个B关节安装在一个十字接头上，这对BBR手腕来说，大大减小了手腕纵向尺寸。

（2）按驱动方式来分。

手腕按驱动方式来分，可分为直接驱动手腕和远距离传动手腕。图2-17所示为MOOG公司的一种液压直接驱动BBR手腕，设计紧凑巧妙。M_1、M_2、M_3是液压马达，直接驱动手腕的偏转、俯仰和翻转三个自由度轴。图2-18所示为一种远距离传动的RBR手腕。Ⅲ轴的转动使整个手腕翻转，即第一个R关节运动。Ⅱ轴的转动使手腕获得俯仰运动，即第二个

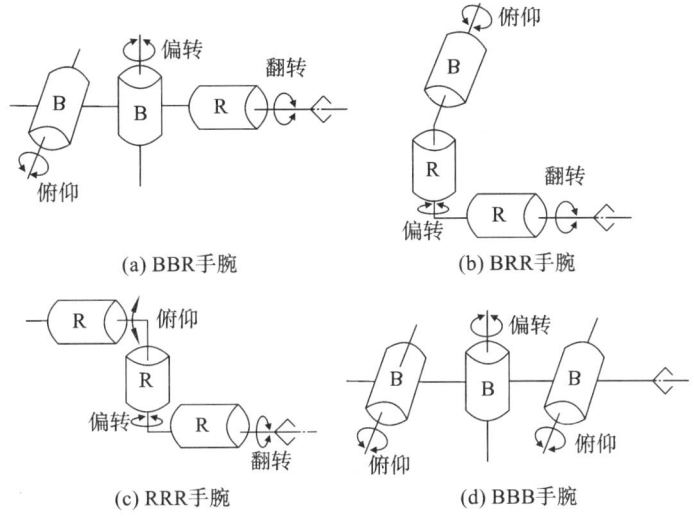

(a) BBR手腕   (b) BRR手腕

(c) RRR手腕   (d) BBB手腕

图 2-16   3 自由度手腕

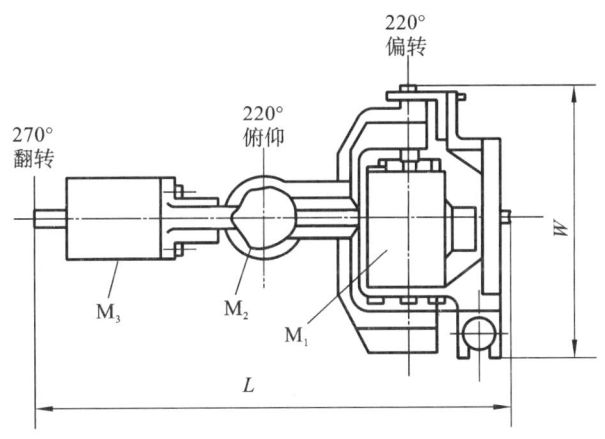

图 2-17   液压直接驱动 BBR 手腕

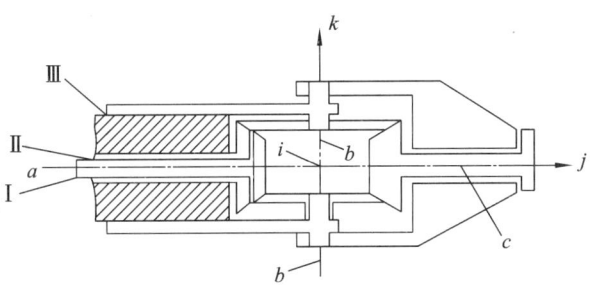

图 2-18   远距离传动 RBR 手腕

B 关节运动。Ⅰ轴的转动即为第三个 R 关节的运动。在 c 轴离开纸平面后，RBR 手腕便在三个自由度轴上输出 RPY 运动。这种远距离传动的好处是可以把尺寸、质量都较大的驱动源放在远离手腕处，有时放在手臂的后端用于平衡质量，这不仅可减轻手腕的整体质量，而且可改善机器人整体结构的平衡性。

二、工业机器人机械结构的基本术语

工业机器人机械结构通常由一系列连杆、关节或其他形式的运动副组成。下面简要介绍。

1. 关节（join）

关节：即运动副，是允许机器人手臂各零件之间发生相对运动的机构，是两构件直接接触并能产生相对运动的活动连接，如图 2-19 所示。1、2 两部件可以互动连接。

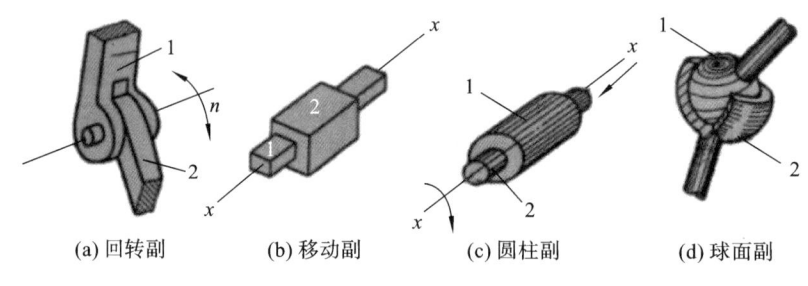

(a) 回转副　　(b) 移动副　　(c) 圆柱副　　(d) 球面副

图 2-19　机器人关节

关节是各杆件间的结合部分，是实现机器人各种运动的运动副。机器人常用的关节有回转副、移动副。

1）回转关节

回转关节，又称为回转副、旋转关节，是使连接两杆件的组件中的一件相对于另一件绕固定轴线转动的关节，两个构件之间只做相对转动。如手臂与基座、手臂与手腕之间就存在相对回转或摆动的关节机构，它由驱动器、回转轴和轴承组成。多数电动机能直接产生旋转运动，但常需要各种齿轮、链条、传动带或其他减速装置，以获取较大的转矩。

2）移动关节

移动关节，又称为移动副、滑动关节、棱柱关节，是使连接两杆件的组件中的一件相对于另一件做直线运动的关节，两个构件之间只做相对移动。它采用直线驱动方式传递运动，包括直角坐标结构的驱动、圆柱坐标结构的径向驱动和垂直升降驱动，以及极坐标结构的径向伸缩驱动。直线运动可以直接由气缸或液压缸和活塞产生，也可以采用齿轮齿条、丝杠、螺母等传动元件把旋转运动转换成直线运动。

3）圆柱关节

圆柱关节，又称为圆柱副、分布关节，是使连接两杆件的组件中的一件相对于另一件移动或绕一个移动轴线转动的关节。两个构件之间除了做相对转动之外，还同时可以做相对移动。

4）球关节

球关节，又称为球面副，是使连接两杆件的组件中的一件相对于另一件在三个自由度上绕一固定点转动的关节，即组成运动副的两构件能绕一球心做三个独立的相对转动的运动副。

2. 连杆（link）

连杆是指机器人手臂上被相邻两关节分开的部分，是保持各关节间固定关系的刚体，是机械连杆机构中两端分别与主动构件和从动构件铰接以传递运动和力的杆件。例如在往复活塞式动力机械和压缩机中，用连杆来连接活塞与曲柄。连杆多为钢件，其主体部分的界面

多为圆形或工字形,两端有孔,孔内装有青铜衬套或滚轴轴承,以装入轴销而构成铰接。

3. 刚度(stiffness)

刚度是指机器人机身或臂部在外力作用下抵抗变形的能力。它是用外力和在外力作用方向上机器人机身或臂部的变形量(位移)之比来度量的。在弹性范围内,刚度是零件载荷与位移之间的比例系数,即引起单位位移所需的力。它的倒数称为柔度,即单位力引起的位移。刚度可分为静刚度和动刚度。

在任何力的作用下,体积和形状都不发生改变的物体称为刚体(rigid body)。在物理学上,理想的刚体是一个固体,是尺寸有限的、形变情况可以忽略的物体。不论是否受力,在刚体内任意两点间的距离都不会改变。在运动中,刚体内任意一条直线在各个时刻的位置都保持平行。

三、机器人的图形符号

为了以简洁的符号来表达机器人的各种运动,国际上规定了机器人各种运动功能的图形符号。

1. 运动副的图形符号

机器人所用的零件和材料及装配方法等与现有的各种机械完全相同,机器人常用的关节有转动副、移动副。常用的运动副图形符号如表 2-1 所示。

表 2-1 常用运动副图形符号

运动副名称	运动副符号	运动副图形
回转副		
移动副		
圆柱副		

运动副名称	运动副符号	运动副图形
球面副	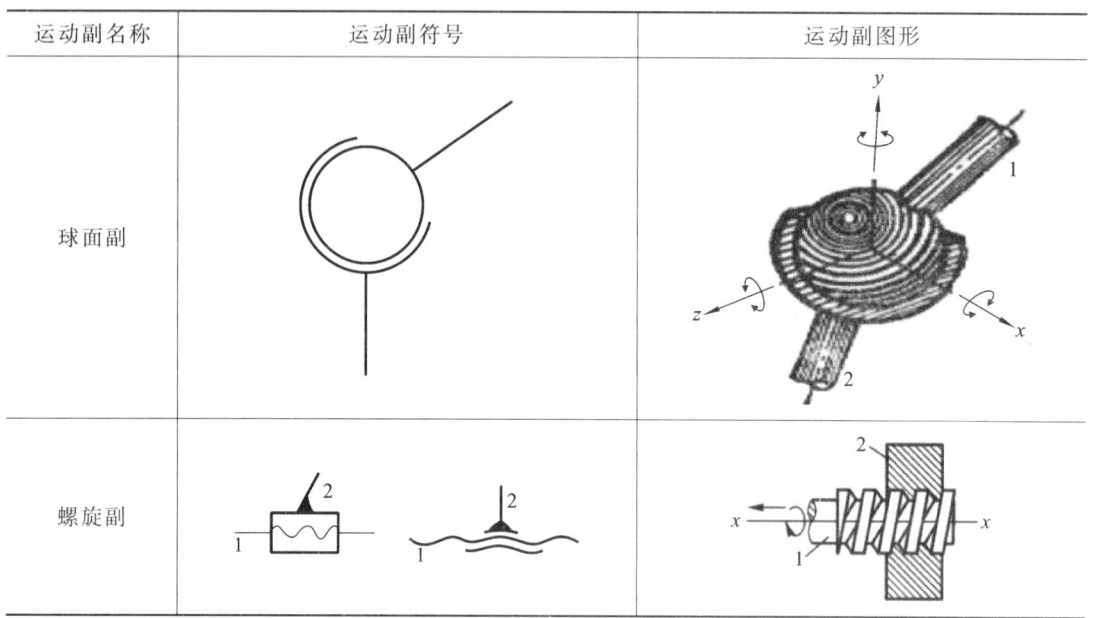	
螺旋副		

2. 运动机构的图形符号

机器人运动机构常用的运动副符号如表 2-2 所示。

表 2-2　机器人运动机构常用运动副的符号

运动副名称		运动副符号	
		两运动构件构成的运动副	两构件之一固定时的运动副
平面移动副	回转副		
	移动副		
	平面高副		

运动副名称		运动副符号	
		两运动构件构成的运动副	两构件之一固定时的运动副
空间运动副	螺旋副		
	球面副或球销副		

3. 机器人的图形符号体系

机器人的机构简图是描述机器人组成机构的直观图形表达形式,是将机器人的各个运动部件用简便的符号和图形表达出来的一种方式。图 2-20 为常见的四种坐标工业机器人的机构简图。

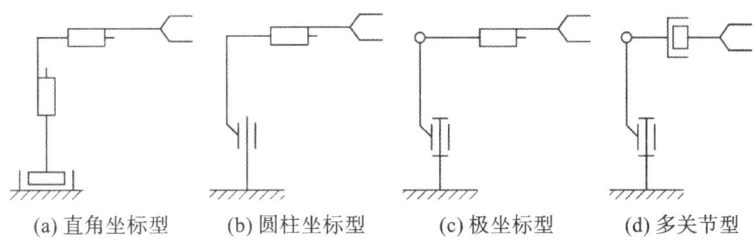

(a) 直角坐标型　　(b) 圆柱坐标型　　(c) 极坐标型　　(d) 多关节型

图 2-20　典型机器人简图

机器人简图和机构运动原理图如图 2-21 所示。其中,图 2-21(a)为机器人简图,图 2-21(b)为机器人的机构运动原理图。机构运动原理图将机器人的运动功能原理用简明的符号和图形表达出来,是建立机器人坐标、进行机器人运动学和动力学分析、设计机器人传动原理图的基础。

工业机器人
内部结构
展示

4. 几种常见的典型工业机器人的结构简图

1) KUKA 公司的 KR5 SCARA

该机器人为四自由度机器人,结构简单,有 3 个转动关节、1 个螺纹移动关节。其结构简图如图 2-22 所示。

2) ABB 公司的 IRB 2400

IRB 2400 机器人有多种不同版本备选,拥有极高的作业精度,在物料搬运、机械管理和过程应用等方面均有出色表现。IRB 2400 机器人可提高生产效率、缩短生产提前期、加快交货速度。其结构简图如图 2-23 所示。

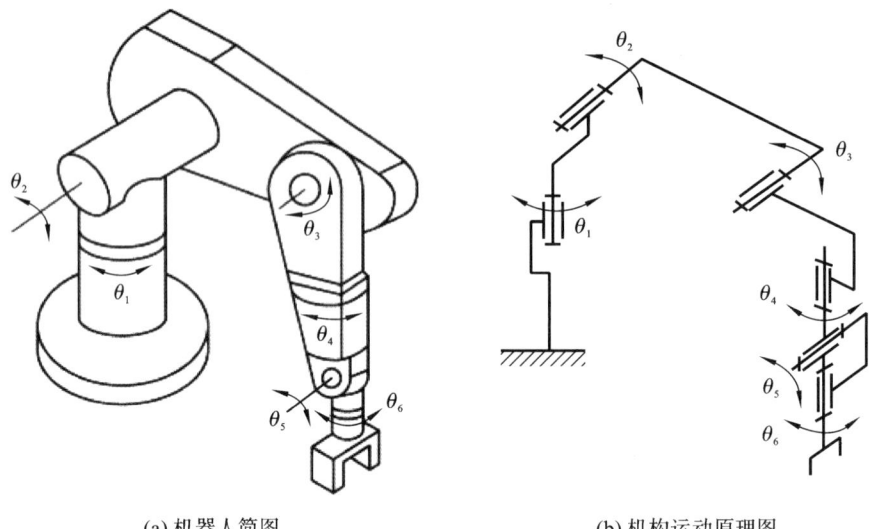

(a) 机器人简图   (b) 机构运动原理图

图 2-21　机器人简图和机构运动原理图

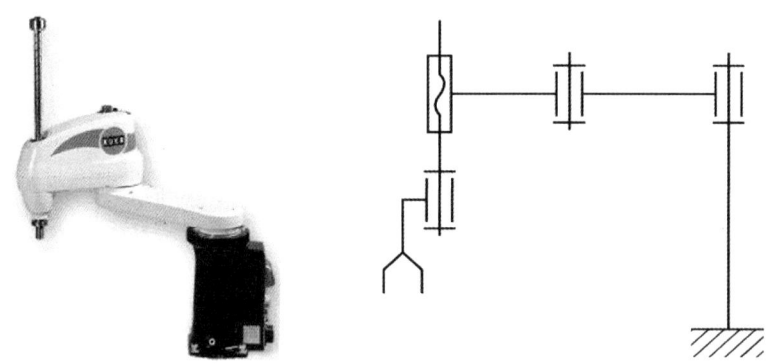

图 2-22　KR5 SCARA 及其结构简图

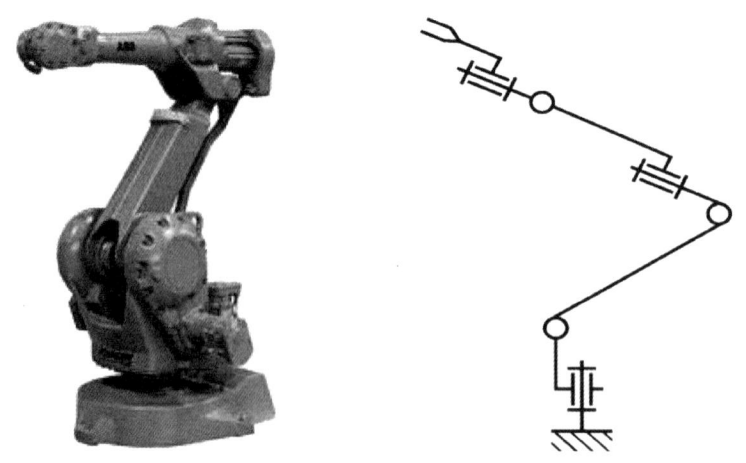

图 2-23　ABB 机器人 IRB 2400 及其结构简图

3）FANUC 公司的 R-2000iB

FANUC R-2000iB 工业机器人属于智能工业机器人，是 FANUC 利用长达 25 年积累起来的经验开发而成的，具有很高的可靠性和优异的性价比。此款工业机器人进一步强化了智能化功能和网络化功能，可以应用于点焊、搬运、组装等多种场合。其结构简图如图 2-24 所示。

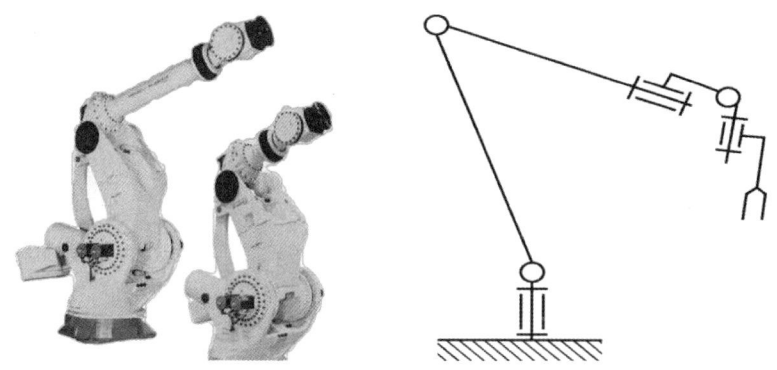

图 2-24　FANUC R-2000iB 及其结构简图

四、工业机器人的传动机构

要使工业机器人运动起来，需要给各个关节安装传动装置，用来驱动关节的移动或转动，传递运动和动力。图 2-25 所示为某工业机器人本体内部结构透视图，从图中可以看到工业机器人本体的驱动件和传动装置。工业机器人的传动机构与一般机械的传动机构大致相同。但工业机器人的传动系统要求结构紧凑、质量小、转动惯量和体积小，要求消除传动间隙，且有较好的运动和位置精度。工业机器人传动机构可分为直线传动机构和旋转传动机构两大类。

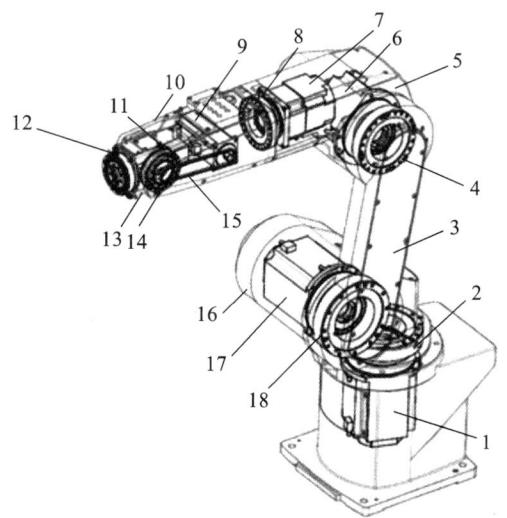

图 2-25　某工业机器人本体内部结构透视图

1,6,7,9,11,17—轴电动机；2,4,8,12,14,18—轴减速齿轮；3—大臂；
5—肘关节；10—小臂；13—腕关节；15—轴同步带；16—肩关节

1. 直线传动机构

直线传动方式可用于直角坐标型机器人 x、y、z 向驱动，圆柱坐标型机器人的径向驱动和垂直升降驱动，以及球坐标型机器人的径向伸缩驱动。

直线运动可以通过齿轮齿条、丝杠螺母等传动元件由旋转运动转换而成，也可以由直线驱动电动机产生，还可以直接由气缸、液压缸或活塞产生。

1）齿轮齿条装置

齿轮齿条装置由齿轮和齿条组成。齿轮齿条装置的作用是将齿轮的旋转运动转化为齿条的往复直线运动，或将齿条的往复直线运动转化为齿轮的旋转运动。齿轮齿条装置如图 2-26 所示。

机器人多级
减速齿轮
传动

2）普通丝杠

普通丝杠驱动是由一个旋转的精密丝杠驱动一个螺母沿丝杠轴向移动。由于普通丝杠的摩擦力较大、效率低、惯性大，在低速时容易产生爬行现象，而且精度低、回差大，因此在机器人上很少采用。

3）滚珠丝杠

在工业机器人上经常采用滚珠丝杠，这是因为滚珠丝杠的摩擦力很小且运动响应速度快。由于滚珠丝杠的丝杠螺母旋槽里具有许多滚珠，传动过程中产生的摩擦力是滚动摩擦，可极大地减小摩擦力，因此传动效率高，消除了低速运动时的爬行现象。在装配时施加一定的预紧力，可消除回差。

滚珠丝杠

滚珠丝杠是工具机械和精密机械上最常使用的传动元件，其装置如图 2-27 所示。其主要功能是将旋转运动转换成线性运动，或将扭矩转换成轴向反复作用力，同时兼具高精度、可逆性和高效率的特点。由于具有很小的摩擦阻力，滚珠丝杠被广泛应用于各种工业设备和精密仪器。

图 2-26　齿轮齿条装置

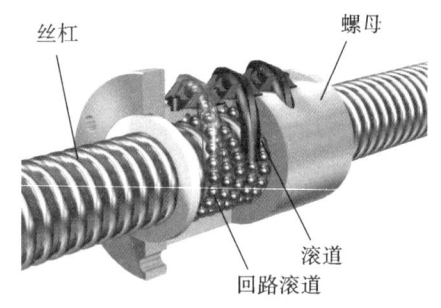

图 2-27　滚珠丝杠装置

2. 旋转传动机构

1）齿轮传动

齿轮传动机构是由两个或两个以上的齿轮组成的传动机构。它不但可以传递运动角位移和角速度，而且可以传递力和力矩。图 2-28 所示为某机器人齿轮传动机构。

齿轮是机械设备中重要的传动装置，随着近年来机械工业的发展，各种机械设备相继出现在人们生产生活的各个领域中，齿轮得到了越来越广泛的应用。现在市场上的齿轮可以根据不同的传动方式进行分类，主要分为圆柱齿轮、斜齿轮、锥齿轮、蜗轮蜗杆和行星轮系。

（1）圆柱齿轮。

圆柱齿轮是机械齿轮中重要的一种齿轮类型，是最为普遍的一种齿轮样式，如图 2-29

所示。圆柱齿轮的齿轮机构啮合传动时,沿其齿长方向存在较大的切向相对滑动速度,因而会产生较大的摩擦磨损;另外,两轮齿廓处于点接触状态,其接触应力值很大,会使曲面过早被压馈,使轮齿磨损加剧。

图 2-28 机器人本体齿轮传动机构

图 2-29 圆柱齿轮

(2)斜齿轮。

斜齿轮不完全是螺旋齿轮,应该说,螺旋齿轮是两个斜齿轮的啮合方式,由它们在空间传递力的方向不同来区分。其结构如图 2-30 所示。普通的直齿轮沿齿宽同时进入啮合,因而会产生冲击振动噪声,传动不平稳。斜齿轮传动则优于直齿轮传动,且可凑紧中心距用于高速重载。斜齿轮减速机是新颖的减速传动装置,采用先进的设计理念,具有体积小、质量小、传递转矩大、启动平稳、传动比分级精细的特点,可根据用户要求进行任意连接和多种安装位置的选择。

(3)锥齿轮。

锥齿轮用来传递两相交轴之间的运动和动力,如图 2-31 所示。在一般机械中,锥齿轮两轴之间的交角等于 90°(但也可以不等于 90°)。与圆柱齿轮类似,锥齿轮有分度圆锥、齿顶圆锥、齿根圆锥和基圆锥。圆锥体有大端和小端,其对应大端的圆分别称为分度圆(其半径为 r)、齿顶圆、齿根圆和基圆。一对锥齿轮的运动相当于一对节圆锥做纯滚动。

图 2-30 斜齿轮

图 2-31 锥齿轮

(4)蜗轮蜗杆。

蜗轮蜗杆结构常用来传递两交错轴之间的运动和动力。蜗轮与蜗杆在其中间平面内相当于齿轮与齿条,蜗杆与螺杆的形状相似,如图 2-32 所示。

（5）行星轮系。

行星轮系指只具有一个自由度的周转轮系。行星轮系是一种共轴式（即输出轴线与输入轴线重合）的传动装置，并且几个完全相同的行星轮均布在中心轮的四周，如图 2-33 所示。

图 2-32 蜗轮蜗杆

图 2-33 行星轮系

2）同步带传动

同步带传动具有带传动、链传动和齿轮传动的优点。如图 2-34 所示，同步带传动由于带与带轮靠啮合传递运动和动力，故带与带轮之间无相对滑动，能保证准确的传动比。同步带通常以钢丝绳或玻璃纤维绳为抗拉体，氯丁橡胶或聚氨酯为基体，这种带薄且轻，故可用于较高速度的传动。传动时的线速度可达 50 m/s，传动比可达 10，效率可达 98%，传动噪声比带传动、链传动和齿轮传动的小，耐磨性好，不需油润滑，传动带寿命比摩擦带长。其主要缺点是制造和安装精度要求较高，中心距要求较严格。同步带广泛应用于要求传动比准确的中、小功率传动。

3）谐波齿轮

与一般齿轮传动和蜗杆传动不同，谐波齿轮传动的工作原理基于一种变形原理。谐波齿轮由柔轮、谐波发生器和刚轮构成，如图 2-35 所示。谐波发生器为主动件，刚轮或柔轮为从动件。刚轮有内齿圈，柔轮有外齿圈，其齿形为渐开线或三角形，齿距相同而齿数不同，刚轮的齿数比柔轮的齿数多几齿。柔轮是薄圆筒形，谐波发生器的长径比柔轮内径略大，装配在一起时柔轮就被撑成椭圆形。

图 2-34 同步带传动

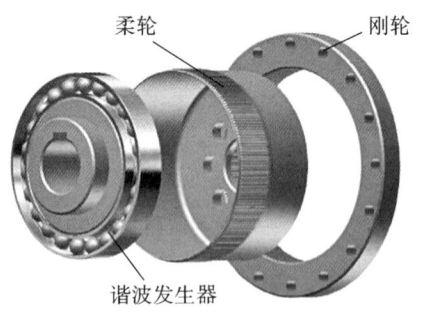

柔轮　　　　刚轮

谐波发生器

图 2-35 谐波齿轮

谐波齿轮传动比大(单级传动比可达60～250),承载能力强,传动精度高,回程误差小,传动效率高,质量小,不足是对材料、加工、热处理的要求高,散热条件差,转动惯性差。目前,机器人的旋转关节有60%～70%都使用谐波齿轮传动。

任务实施

为完成在制造装备博览会上对客户就公司工业机器人产品机械结构及其特点进行介绍的工作任务,需完成以下工作:

(1)熟悉需介绍的公司产品——工业机器人的机械结构;

(2)了解工业机器人机械结构的特点;

(3)了解客户需求,并依据客户需求给出工业机器人机械结构选择建议;

(4)对与客户交流沟通过程进行记录并整理相关资料文档;

(5)填写任务工单。

任务工单如表2-3所示。

表2-3 工业机器人机械结构认知任务工单

姓名		学号		地点
班级		时间		
工业机器人机械结构认知任务工单				
序号	主要工作内容		完成情况	备注
1	熟悉需介绍的公司产品——工业机器人的机械结构			
2	了解工业机器人机械结构的特点			
3	依据客户需求给出工业机器人机械结构选择建议			
4	对与客户交流沟通过程进行记录并整理相关资料文档			
教师评分:			教师签名:	

考核评价

完成该任务后,应全面了解工业机器人机械结构及其特点,能根据客户生产线工艺要求为其给出工业机器人机械结构选择建议。请根据表2-4对照检查是否掌握了该任务实施过程中所需的知识点与技能点,是否具备了相关职业素养。

任务考核评价包括学生自评、学生互评、教师评价等三个维度。

表2-4 考核与评价表

序号	评分点	评分标准	不同评价维度得分		分项得分
1	能清晰表述工业机器人机械结构(20分)	表述清晰正确得20分,表述基本正确得12分,不正确不得分	学生自评		
			学生互评		
			教师评价		
2	能正确表述工业机器人机械结构特点(20分)	表述正确得20分,表述基本正确得12分,表述错误不得分	学生自评		
			学生互评		
			教师评价		

续表

序号	评分点	评分标准	不同评价维度得分		分项得分
3	能根据客户实际需求为其提供工业机器人机械结构选择建议(30分)	选择正确得30分,选择基本正确得18分,选择错误不得分	学生自评		
			学生互评		
			教师评价		
4	能正确填写任务工单(10分)	填写正确得10分,填写基本正确得6分,填写不正确,每项扣2分,扣完为止	学生自评		
			学生互评		
			教师评价		
5	体现良好的职业素养(20分)	与客户交流中体现良好的职业素养,包括穿着、言谈举止、敬业精神、团队意识等方面。根据以上评分点扣分,每违反一项扣5分,扣完为止	学生自评		
			学生互评		
			教师评价		

总评得分：

教师签名：　　　　　　学生 A 签名：　　　　　　学生 B 签名：

考核评价时间：

注：分项得分＝学生自评×20％＋学生互评×30％＋教师评价×50％。

课 后 练 习

1. 工业机器人机械结构系统由哪几个部分组成?
2. 工业机器人传动机构有哪些? 各有什么特点?

微信扫码测试

任务二　工业机器人传感系统认知

任务目标

1. 了解工业机器人传感器的基本概念。
2. 掌握工业机器人传感器的分类方法。
3. 熟悉常用的工业机器人传感器结构与工作原理。
4. 掌握工业机器人用传感器的选用方法。
5. 能向参加展会的客户介绍工业机器人传感系统组成与特点。
6. 能为客户选择工业机器人用传感器提供建议。

任务描述

我国制造业的转型升级推动了工业机器人产业的快速发展。专业展会是企业产品推广、业界交流和企业宣传的重要平台。作为公司展会的现场技术人员,你需要就工业机器人传感系统组成及其特点与客户进行交流,帮助客户了解工业机器人传感系统组成及特点,为选择合适的工业机器人用传感器类型及型号提供依据。

知识准备

一、工业机器人传感器基本概念

传感器是用来检测机器人自身的工作状态,以及机器人智能探测外部工作环境和对象状态的核心部件。其是能感受规定的被测量,并按照一定的规律转换成可用输出信号的器件或装置,是决定工业机器人性能的关键因素之一。

二、工业机器人传感器分类

1. 按传感器在机器人中的用途分类

1)视觉传感器

二维视觉系统一般由一个摄像头构成,它可以完成物体运动的检测以及定位等功能,二维视觉传感器已经出现了很长时间,许多智能相机可以配合协调机器人的行动路线,根据接收到的信息对机器人的行为进行调整。

三维视觉系统必须具备两个摄像头,以实现不同角度的拍摄,这样物体的三维模型可以被检测识别出来。相比于二维视觉系统,三维视觉系统可以更加直观地展现事物。

2)力扭矩传感器

力扭矩传感器是机器人识别力的传感器,可以对机器人手臂上的力进行监控,根据数据分析,可对机器人接下来的行为做出指导,如机器人手臂姿态控制,对手臂的握力、张力、指压等动作进行控制以及修正。

3)碰撞检测传感器

对工业机器人尤其是协作机器人最大的要求就是安全,要营造一个安全的工作环境,就必须让机器人识别碰到的事物。碰撞传感器的使用,可以让机器人理解自己碰到了什么东西,并且发送信号暂停或者改变机器人的运动。

4)安全传感器

与上面的碰撞检测传感器不同,使用安全传感器可以让工业机器人感觉到周围存在的物体,安全传感器的存在可避免机器人与其他物体发生碰撞,能实现路径搜索、避障等自我安全防护功能。

5)其他传感器

除了以上这些还有许多其他的传感器,比如焊接缝隙追踪传感器,要想做好焊接工作,就需要配备一个这样的传感器,还有触觉、听觉、嗅觉传感器等。传感器为工业机器人带来了各种感觉,这些感觉帮助机器人变得更加智能,使得智能机器人在专业机器人(国防应用机器人、场地机器人、物流系统机器人、医疗机器人等)和家用服务机器人(目前,家用服务机器人主要包括家政服务机器人、娱乐机器人、助残机器人、个人交通机器人和家庭安全与监视机器人等。其中,家政服务机器人和娱乐机器人占据主要地位)领域的工作精确度更高,将人类从部分需要思考的高级劳动中解放出来。

2. 按传感器在机器人中的检测对象分类

根据检测对象传感器可分为内部传感器和外部传感器。

内部传感器常在控制系统中用作反馈元件，在伺服控制系统中提供反馈信号。内部传感器是测量机器人自身状态的功能元件，用来检测机器人自身内部状态参数。具体的检测对象有关节的线位移、角位移等几何量，速度、角速度、加速度等运动量，还有倾斜角、方位角、振动幅度等其他物理量。

外部传感器主要用来采集机器人和外部环境以及工作对象之间相互作用的信息。外部传感器的作用是检测作业对象及环境与机器人之间的联系，如视觉、触觉、力、距离等传感器。外部传感器采集的参数通常跟机器人的目标识别、作业安全等因素有关，如视觉传感器，它既可以用来识别工作对象，也可以用来检测障碍物。从机器人系统的观点来看，外部传感器的信号一般用于规划决策层，也有一些外部传感器的信号被底层的伺服控制层所利用。

内部传感器和外部传感器是根据传感器在系统中的作用来划分的，某些传感器既可当作内部传感器使用，又可以当作外部传感器使用。例如力传感器，用于末端执行器或操作臂的自重补偿时，是内部传感器；用于测量操作对象或障碍物的反作用力时，是外部传感器。

传感器自诞生以来，大致经历了结构型、固体型、智能型三个阶段，随着各类技术的进步，前两类传感器逐渐无法满足数据采集、处理等流程的需求，融合了 AI 技术的智能传感器开始逐步进入工业应用阶段，工业机器人技术得以深化发展。传感器技术的革新和进步，势必会给机器人行业带来革新和进步。今后工业机器人能发展到何种程度，传感器将是关键决定因素之一。

三、工业机器人传感器的选型

1. 工业机器人对传感器的要求

依据工业机器人自身结构特点及工作环境的特点，通常要求传感器应具备以下四个特点。

（1）精度高，重复性好。机器人传感器的精度直接影响机器人的工作质量。用于检测和控制机器人运动的传感器是控制机器人定位精度的基础。机器人是否能够准确无误地正常工作，往往取决于传感器的测量精度。

（2）稳定性好，可靠性高。机器人传感器的稳定性和可靠性是保证机器人能够长期稳定可靠工作的必要条件。机器人经常在无人照管的条件下代替人来工作，如果它在工作中出现故障，轻则影响生产的正常进行，重则造成严重事故。

（3）抗干扰能力强。机器人传感器的工作环境比较恶劣，它应当能够承受强电磁干扰、强振动，并能够在一定的高温、高压、高污染环境中正常工作。

（4）质量小，体积小，安装方便可靠。对于安装在机器人运动部件上的传感器，质量要小，否则会加大运动部件的惯性，影响机器人的运动性能。对于工作空间受到限制的机器人，对体积和安装条件的要求也是必不可少的。

2. 工业机器人传感器选型原则

在选择合适的传感器以满足特定的需要时，必须从多个方面考虑传感器的不同特性。这些特性决定了传感器的性能、经济性、简单性和适用范围。在某些情况下，可以选择不同类型的传感器来实现相同的目标。在选择传感器之前，应考虑以下因素。

1）成本

传感器的成本是需要考虑的一个重要因素，特别是当一台机器需要多个传感器时。但是,成本必须与其他设计要求相平衡,例如可靠性、传感器数据的重要性、精度和寿命。

2)尺寸

根据传感器的应用,尺寸有时可能是最重要的。例如,关节位移传感器必须适应关节设计,能够与机器人的其他部件一起移动,但关节周围的可用空间可能有限。此外,大型传感器可能会限制关节的运动范围。因此,确保为关节位移传感器留出足够的空间非常重要。

3)质量

机器人是一个移动装置,传感器的质量非常重要。传感器过重会增大机械手的惯性,并降低总载荷。

4)输出的类型(数字式或模拟式)

根据不同的应用,传感器的输出可以是数字量也可以是模拟量,它们可以直接使用,也可能需要对其进行转换后才能使用。例如,电位器的输出是模拟量,而编码器的输出则是数字量。

如果编码器与微处理器一起使用,则其输出可直接传输至处理器的输入端,而电位器的输出则必须利用模数转换器(ADC)转变成数字信号。哪种输出类型比较合适必须结合其他要求进行折中考虑。

5)接口

传感器必须能与其他设备相连接,如微处理器和控制器。倘若传感器与其他设备的接口不匹配或两者之间需要其他的额外电路,那么需要解决传感器与设备间的接口问题。

6)分辨率

分辨率是传感器在测量范围内所能分辨的最小值。在绕线式电位器中,它等同于一圈的电阻值。在一位的数字设备中,分辨率等于满量程$/(2n)$。例如,四位绝对式编码器在测量位置时,最多有 $2^4 \sim 16$ 个不同等级。因此,当等级为 16 时,分辨率是 $360°/16 = 22.5°$。

7)灵敏度

灵敏度是输出响应变化与输入变化的比。高灵敏度传感器的输出会由于输入波动(包括噪声)而产生较大的波动。

8)线性度

线性度反映了输入变量与输出变量之间的关系。这意味着具有线性输出的传感器在其量程范围内,任意相同的输入变化将会产生相同的输出变化。几乎所有器件在本质上都具有一些非线性,只是非线性的程度不同。在一定的工作范围内,有些器件可以认为是线性的,而其他一些器件可通过一定的前提条件来线性化。如果输出不是线性的,但已知非线性度,则可以通过对其适当地建模、添加测量方程或额外的电子线路来克服非线性度。例如,如果位移传感器的输出按角度正弦变化,那么在应用这类传感器时,设计者可按角度的正弦对输出进行刻度划分,这可以通过应用程序,或根据角度的正弦对信号进行分度的简单电路来实现。于是,从输出来看,传感器好像是线性的。

9)量程

量程是传感器能够产生的最大与最小输出之间的差值,或传感器正常工作时最大和最小输入之间的差值。

10)响应时间

响应时间是传感器的输出达到总变化的某个百分比时所需要的时间。响应时间也定义为当输入变化时,观察输出发生变化所用的时间。例如,简易水银温度计的响应时间长,而根据辐射热测温的数字温度计的响应时间短。

11)频率响应

假如在一台性能很高的收音机上接上小而廉价的扬声器,虽然扬声器能够复原声音,但是音质会很差;而同时带有低音及高音的高品质两喇叭扬声器系统在复原同样的信号时,会具有很好的音质。这是因为两喇叭扬声器系统的频率响应与小而廉价的扬声器大不相同。因为小扬声器的自然频率较高,所以它仅能复原较高频率的声音。而至少含有两个喇叭的扬声器系统可在高、低音两个喇叭中对声音信号进行还原,这两个喇叭一个自然频率高,另一个自然频率低,两个频率响应融合在一起使扬声器系统复原出非常好的声音信号(实际上,信号在接入扬声器前均应进行过滤)。只要施加很小的激励,所有的系统就都能在其自然频率附近产生共振。随着激振频率的降低或升高,响应会减弱。频率响应带宽指定了一个范围,在此范围内系统响应输入的性能相对较高。频率响应的带宽越大,系统响应不同输入的能力也越强。考虑传感器的频率响应性能和确定传感器是否在所有运行条件下均具有足够快的响应速度是非常重要的。

12)可靠性

可靠性是系统正常运行次数与总运行次数之比。对于要求连续工作的情况,在考虑费用和其他要求的同时,必须选择可靠且能长期持续工作的传感器。

13)精度

精度定义为传感器的输出值与期望值的接近程度。对于给定输入,传感器有一个期望输出,而精度则与传感器的输出和该期望值的接近程度有关。

14)重复精度

对于同样的输入,如果对传感器的输出进行多次测量,那么每次输出都可能不一样。重复精度反映了传感器多次输出之间的变化程度。通常,如果进行足够次数的测量,那么就可以确定一个范围,它能包括所有在标称值周围的测量结果,这个范围就定义为重复精度。通常,重复精度比精度更重要,在多数情况下,不准确度是由系统误差导致的,因为它们可以预测和测量,所以可以进行修正和补偿。重复性误差通常是随机的,不容易补偿。

四、工业机器人的内部传感器

在工业机器人内部传感器中,位置传感器和速度传感器是当今机器人反馈控制中不可缺少的元件。现已有多种传感器大量生产,但倾斜角传感器、方位角传感器及振动传感器等用作机器人内部传感器的时间不长,其性能尚需进一步改进。内部传感器按功能分类有以下几种。

1. 规定位置、规定角度的检测

检测预先规定的位置或角度,可以用开/关两个状态值,其用于检测机器人的起始点、越限位置或确定位置。

微型开关:规定的位移或力作用到微型开关的可动部分(称为执行器)时,开关的电气触点断开或接通。限位开关通常装在盒里,以防外力作用和水、油、尘埃的侵蚀。

光电开关:光电开关是由 LED 光源和光敏二极管或光敏晶体管等光敏元件组成的,相隔一定距离而构成的透光式开关。当光由基准位置的遮光片通过光源和光敏元件的缝隙时,光照不到光敏元件上,从而起到开关的作用。

2．位置、角度测量

测量机器人关节线位移和角位移的传感器是机器人位置反馈控制中必不可少的元件。测量位置、角度的传感器有电位器、旋转变压器、编码器等。

3．速度、角速度测量

速度、角速度测量是驱动器反馈控制中必不可少的环节。有时也利用位移传感器测量速度及检测单位采样时间的位移量，但这种方法有其局限性：低速时测量不稳定；高速时只能获得较低的测量精度。最通用的速度、角速度传感器是测速发电机或称为转速表的传感器、比率发电机。

测量角速度的测速发电机，按其构造可分为直流测速发电机、交流测速发电机和感应式交流测速发电机。

4．加速度测量

随着机器人的高速化、高精度化，机器人的振动问题日益显现。为了解决振动问题，有时在机器人的运动手臂等位置安装加速度传感器，测量振动加速度，并把它反馈到驱动器上。加速度测量传感器有应变片加速度传感器、伺服加速度传感器、压电感应加速度传感器等。

五、工业机器人外部传感器

工业机器人外部传感器的作用是检测作业对象及环境或机器人与它们之间的关系，在机器人上安装了触觉传感器、视觉传感器、力传感器、超声波传感器和听觉传感器等，这大大改善了机器人的工作状况，使其能够更充分地完成复杂的工作。外部传感器为集多学科知识于一身的产品，有些方面还在探索之中，随着外部传感器的进一步完善，机器人的功能越来越强大，将在许多领域为人类做出更大贡献。外部传感器按功能分类有以下几种。

1．触觉传感器

触觉是接触、冲击、压迫等机械刺激感觉的综合，触觉可以用来进行机器人抓取，利用触觉可进一步感知物体的形状、软硬等物理性质。一般把检测感知与外部直接接触而产生的压力、触觉及接近觉的传感器称为机器人触觉传感器。

2．力传感器

力觉指对机器人的指、肢和关节等运动中所受力的感知，主要包括腕力觉、关节力觉和支座力觉等。根据被测对象的负载，可以把力传感器分为测力传感器（单轴力传感器）、力矩表（单轴力矩传感器）、手指传感器（检测机器人手指作用力的超小型单轴力传感器）和六轴力觉传感器。

力传感器　　力传感器
视频　　　　应用

力传感器根据力的检测方式不同，可以分为：

（1）检测应变或应力的应变片式，应变片力传感器被机器人广泛采用；

（2）利用压电效应的压电元件式；

（3）用位移计测量负载产生的位移的差动变压器、电容位移计式。

在选用力传感器时，首先要特别注意额定值，其次在机器人通常的力控制中，力的精度意义不大，重要的是分辨率。在机器人上实际安装使用力传感器时，一定要事先检查操作区域，清除障碍物。这对实验者的人身安全、保证机器人及外围设备不受损害有重要意义。

3. 距离传感器

距离传感器可用于机器人导航和回避障碍物,也可用于对机器人空间内的物体进行定位并确定其一般形状特征。

目前最常用的测距法有两种。

1)超声波测距法

超声波是频率在 20 kHz 以上的机械振动波,利用发射脉冲和接收脉冲的时间间隔推算出距离。超声波测距法的缺点是波束较宽,其分辨力受到严重的影响,因此,主要用于导航和回避障碍物。

2)激光测距法

激光测距法可以利用回波法,或者利用激光测距仪,其工作原理如下:氦氖激光器固定在基线上,在基线的一端由反射镜将激光点射向被测目标,反射镜固定在电动机轴上,电动机连续旋转,使激光点稳定地扫描被测目标。CCD(电荷耦合器件)摄像机接受反射光,并利用图像处理的方法检测出激光点图像,根据位置坐标及摄像机光学特点计算出激光反射角。利用三角测距原理即可算出反射点的位置。

4. 其他外部传感器

除以上介绍的机器人外部传感器外,还可根据机器人特殊用途安装听觉传感器、味觉传感器及电磁波传感器,配备这些传感器的机器人主要用于科学研究、海洋资源探测或食品分析、救火等特殊用途。这些传感器多数属于开发阶段,有待进一步完善,以丰富机器人专用功能。

5. 传感器融合

系统中使用的传感器种类和数量越来越多,每种传感器都有一定的使用条件和感知范围,并且能给出环境或对象的部分或整个侧面的信息。为了有效地利用这些传感器信息,需要采用某种形式对传感器信息进行综合、融合处理,不同类型信息的多种形式的处理就是传感器融合。传感器的融合技术涉及神经网络、知识工程、模糊理论等信息、检测、控制领域的新理论和新方法。传感器融合类型有多种,现举两种例子。

(1)竞争性的:在传感器检测同一环境或同一物体的同一性质时,传感器提供的数据可能是一致的,也可能是矛盾的。若有矛盾,就需要系统裁决。裁决的方法有多种,如加权平均法、决策法等。在一个导航系统中,车辆位置可以通过计算法定位系统(利用速度、方向等记录数据进行计算)或路标(如交叉路口、人行道等参照物)观测确定。若路标观测成功,则用路标观测的结果,并对计算法的值进行修正,否则利用计算法所得的结果。

(2)互补性的:传感器提供不同形式的数据。例如,识别三维物体就需要这种类型的融合。利用彩色摄像机和激光测距仪确定一段阶梯道路时,彩色摄像机提供图像信息(如颜色、特征),而激光测距仪提供距离信息,两者融合即可获得三维信息。目前,要使多传感器信息融合体系化尚有困难,而且缺乏理论依据。多传感器信息融合的理想目标应是人类的感觉、识别、控制体系,但由于对后者尚无一个明确的工程学的阐述,因此机器人传感器融合体系要具备什么样的功能尚是一个模糊的概念。相信随着机器人智能水平的提高,多传感器信息融合理论和技术将会逐步完善和系统化。

任务实施

为完成在制造装备博览会上对客户就公司工业机器人产品传感系统及其特点进行介绍的工作任务,需完成以下工作:

（1）熟悉需介绍的公司产品——工业机器人的传感系统；

（2）了解工业机器人传感系统分类及其特点；

（3）了解客户需求，并依据客户需求给出工业机器人传感系统选择建议；

（4）对与客户交流沟通过程进行记录并整理相关资料文档；

（5）填写任务工单。

任务工单如表 2-5 所示。

表 2-5　工业机器人传感系统认知任务工单

姓名		学号		地点
班级		时间		

工业机器人传感系统认知任务工单

序号	主要工作内容	完成情况	备注
1	熟悉需介绍的公司产品——工业机器人传感系统		
2	了解工业机器人传感系统分类及其特点		
3	依据客户需求给出工业机器人传感系统选择建议		
4	对与客户交流沟通过程进行记录并整理相关资料文档		

教师评分：　　　　　　　　　　　　　　　　　　教师签名：

考核评价

完成该任务后，应全面了解工业机器人传感系统及其特点，能根据客户生产线工艺要求为其给出工业机器人传感系统选择建议。请根据表 2-6 对照检查是否掌握了该任务实施过程中所需的知识点与技能点，是否具备了相关职业素养。

任务考核评价包括学生自评、学生互评、教师评价等三个维度。

表 2-6　考核与评价表

序号	评分点	评分标准	不同评价维度得分	分项得分
1	能清晰表述工业机器人传感系统组成及特点（20 分）	表述清晰正确得 20 分，表述基本正确得 12 分，不正确不得分	学生自评	
			学生互评	
			教师评价	
2	能正确识别工业机器人传感器类型（20 分）	识别正确得 20 分，识别基本正确得 12 分，识别错误不得分	学生自评	
			学生互评	
			教师评价	
3	能根据客户实际需求为其提供工业机器人传感系统选择建议（30 分）	选择正确得 30 分，选择基本正确得 18 分，选择错误不得分	学生自评	
			学生互评	
			教师评价	
4	能正确填写任务工单（10 分）	填写正确得 10 分，填写基本正确得 6 分，填写不正确，每项扣 2 分，扣完为止	学生自评	
			学生互评	
			教师评价	

续表

序号	评分点	评分标准	不同评价维度得分		分项得分
5	体现良好的职业素养（20分）	与客户交流中体现良好的职业素养,包括穿着、言谈举止、敬业精神、团队意识等方面。根据以上评分点扣分,每违反一项扣5分,扣完为止	学生自评		
			学生互评		
			教师评价		

总评得分:

教师签名:　　　　　　学生 A 签名:　　　　　　学生 B 签名:

考核评价时间:

注:分项得分＝学生自评×20％＋学生互评×30％＋教师评价×50％。

课后练习

1. 工业机器人外部传感器有哪些？用途是什么？
2. 工业机器人内部传感器有哪些？用途是什么？
3. 简述力传感器的分类与选择方法。
4. 距离传感器中常用哪两种测距方法？
5. 简述距离传感器的工作原理。

微信扫码测试

任务三　工业机器人控制系统认知

任务目标

1. 了解工业机器人控制系统的特点。
2. 熟悉工业机器人控制系统功能。
3. 熟悉工业机器人控制系统结构与控制方式。
4. 能向参加展会的客户介绍工业机器人控制系统组成与控制方式。
5. 能为客户选择工业机器人控制系统提供建议。

任务描述

我国制造业的转型升级推动了工业机器人产业的快速发展。专业展会是企业产品推广、业界交流和企业宣传的重要平台。作为公司展会的现场技术人员,你需要就工业机器人控制系统组成、结构及控制方式与客户进行交流,帮助客户了解工业机器人控制系统组成及控制方式,为客户选择合适的工业机器人控制系统提供依据。

知识准备

闭环控制
系统

一、工业机器人控制系统的特点

多数机器人各个关节的运动是相互独立的,为了满足机器人末端执行器的位置精度,需要多关节协调运动。因此,机器人控制系统与普通的控制系统相比要复杂。机器人控制系统具有以下特点。

(1)机器人控制系统是一个多变量控制系统,即使是简单的工业机器人也有3～5个自由度,比较复杂的机器人有十几个自由度,甚至几十个自由度。每个自由度一般包含一个伺服机构,多个独立的伺服系统必须有机地协调起来。例如机器人的手部运动是所有关节的合成运动。要使手部按照一定的轨迹运动,就必须控制机器人的基座、肘、腕等各关节协调运动,包括运动轨迹、动作时序等多方面。

(2)运动描述复杂,机器人的控制与机构运动学和动力学密切相关。描述机器人状态和运动的数学模型是一个非线性模型,随着状态的变化,其参数也在变化,各变量之间还存在耦合。因此,仅仅考虑位置闭环是不够的,还要考虑速度闭环,甚至加速度闭环。在控制过程中,根据给定的任务,还应当选择不同的基准坐标系,并做适当的坐标变换,以求解机器人运动学正问题和逆问题。此外,还要考虑各关节之间惯性力等的耦合作用和重力负载的影响,因此,经常需要采用一些控制策略,如重力补偿、前馈、解耦或自适应控制等。

(3)具有较高的重复定位精度,系统刚度大。机器人的重复定位精度较高,一般为±0.1 mm。此外,由于机器人运行时要求平稳并且不受外力干扰,因此系统应具有较大的刚度。

(4)信息运算量大。机器人的动作规划通常需要解决最优问题。例如机械手末端执行器要到达空间某个位置,有多种解决办法,此时就需要规划出一个最佳路径。较高级的机器人可以采用人工智能方法,用计算机建立起庞大的信息库,借助信息库进行控制、决策管理和操作。即使是一般的工业机器人,也可根据传感器和模式识别的方法获得对象及环境的工况,按照给定的指标要求,自动选择最佳的控制规律。

(5)需采用加(减)速控制。过大的加(减)速度会影响机器人运动的平稳性,甚至使机器人发生抖动,因此在机器人启动或停止时应采用加(减)速控制策略,通常采用匀加(减)速运动指令来实现。此外,机器人不允许有位置超调,否则将可能与工件发生碰撞。一般要求控制系统位置无超调,动态响应尽量快。

(6)工业机器人还有一种特殊的控制方式,即示教再现控制方式。当需要工业机器人完成某项作业时,可预先人为地移动工业机器人手臂来示教该作业的顺序、位置及其他信息。在此过程中相关的作业信息会存储在工业机器人控制系统的内存中。在执行任务时,工业机器人通过读取存储的控制信息来再现动作功能,并重复进行该作业。此外,从操作的角度来看,要求控制系统具有良好的人机界面,尽量降低对操作者的技术要求。

总之,工业机器人控制系统是一个与运动学和动力学密切相关的、紧耦合的、非线性的多变量控制系统。

二、工业机器人控制系统的功能

1. 示教再现功能

机器人控制系统可实现离线编程、在线示教及间接示教等功能,在线示教又包括通过示教器进行示教和导引示教两种情况。在示教过程中,机器人可存储作业顺序、运动方式、运动路径和速度及与生产工艺有关的信息。在再现过程中,机器人按照示教的加工信息自动执行特定的作业。

2. 坐标设置功能

一般的工业机器人坐标系有关节坐标系、绝对坐标系、工具坐标系及用户坐标系这 4 种坐标系,用户可根据作业要求选用不同的坐标系并进行各坐标系之间的转换。

3. 与外围设备的联系功能

机器人接口有输入/输出接口、通信接口、网络接口和同步接口,并具有示教器、操作面板及显示屏等人机接口。此外机器人还具有视觉、触觉、接近觉、听觉、力觉(力矩)等多种传感器接口。

4. 位置伺服等功能

机器人控制系统可实现多轴联动、运动控制、速度和加速度控制、力控制及动态补偿等功能。在运动过程中,还可以实现状态监测、故障诊断下的安全保护和故障自诊断等功能。

三、工业机器人的控制方式

工业机器人的控制方式是由工业机器人所执行的任务决定的。工业机器人控制方式的分类并没有统一标准,一般可以按照以下方式来分类。

(1)按运动坐标控制的方式可分为关节空间运动控制、直角坐标空间运动控制。

(2)按控制系统对工作环境变化的适应程度可分为程序控制、适应性控制、人工智能控制。

(3)按同时控制机器人数目的多少可分为单控、群控。

(4)按运动控制方式的不同可分为位置控制、速度控制、力控制(包括位置/力混合控制)。

位置控制方式:工业机器人的位置控制分为点位(PTP)控制和连续轨迹(CP)控制两类,如图 2-36 所示。

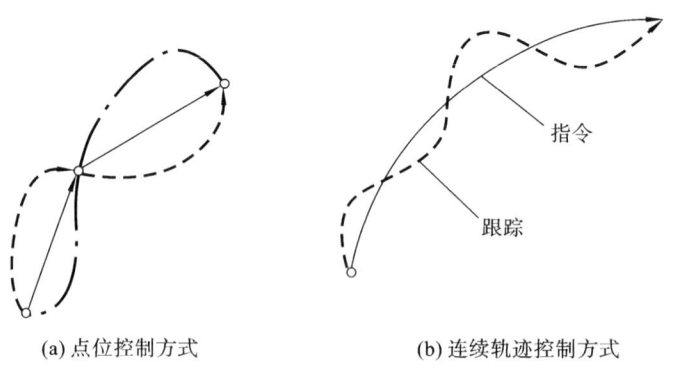

(a) 点位控制方式　　　　　　　(b) 连续轨迹控制方式

图 2-36　位置控制方式

点位控制方式用于实现点的位置控制,其运动是由一个给定点到下一个给定点,而点与点之间的轨迹不是最重要的。因此,它的特点是只控制工业机器人末端执行器在作业空间中某些规定的离散点上的位姿。控制时只要求工业机器人快速、准确地实现相邻各点之间的运动,而对到达目标点的运动轨迹则不做规定标记。如自动插件机的功能是在贴片电路板上完成安插元件、点焊、搬运、装配等作业,采用的是点位控制方式。这种控制方式的主要技术指标是定位精度和运动所需的时间,控制方式比较简单,但要达到较高的定位精度则较难。

连续轨迹控制方式用于指定点与点之间的运动轨迹所要求的曲线,如直线或圆弧。这种控制方式的特点是连续地控制工业机器人末端执行器在作业空间中的位姿,使其严格按照预先设定的轨迹和速度在一定的精度要求内运动,以完成作业任务,速度可控、轨迹光滑、运动平稳。工业机器人各关节连续、同步地进行相应的运动,保证其末端执行器可实现连续的既定轨迹。这种控制方式的主要技术指标是机器人末端执行器的轨迹跟踪精度及平稳性。在用机器人进行弧焊、喷漆、切割等作业时,应选用连续轨迹控制方式。

工业机器人的结构多为串接的连杆形式,其动态特性具有高度的非线性。但在控制系统设计中,通常把机器人的每个关节当作一个独立的伺服机构来考虑。因此,工业机器人系统就变成了一个由多关节串联组成的各自独立又协同操作的线性系统。

多关节位置控制是指考虑各关节之间的相互影响而对每一个关节分别进行设计的控制。若多个关节同时运动,则各个运动关节之间的力或力矩会产生相互作用,因而不能运用单个关节的位置控制原理。要克服这种多关节之间的相互作用,必须添加补偿,即在多关节控制器中,机器人的机械惯性影响常常被作为前馈项考虑。

速度控制方式:在进行工业机器人位置控制的同时,通常还要进行速度控制。例如,在连续轨迹控制方式的情况下,工业机器人需要按预定的指令来控制运动部件的速度和加、减速度,以满足运动平稳、定位准确的要求。由于工业机器人是一种工作情况(或行程负载)多变、惯性负载大的运动机械,要处理好快速与平稳的矛盾,必须控制启动加速和停止前的减速这两个过渡运动区段。而在整个运动过程中,速度控制在通常情况下也是必需的。

力(力矩)控制方式:在进行工件抓放操作、去毛刺、研磨和组装等作业时,除了要求准确定位之外,还要求使用特定的力或力矩传感器对末端执行器施加在工件上的力进行控制。这种控制方式与位置伺服控制的原理基本相同,但输入量和输出量不是位置信号,而是力(力矩)信号,因此系统中必须有力(力矩)传感器。

机器人如果能够利用力反馈信息,主动采用一定的策略去控制作用力,称为主动柔顺,如图 2-37(a)所示。例如当机器人将一个柱销装进某个零件的圆孔时,由于柱销轴和孔轴不对准,无论机器人怎样用力也无法将柱销装入孔内。采用力反馈或组合反馈控制,机器人带动柱销转动至某个角度,使柱销轴和孔轴对准,这种技术就称为主动柔顺技术。

如果机器人凭借辅助的柔顺机构在与环境接触时能够对外部作用力自然地顺从,就称为被动柔顺,如图 2-37(b)所示。对于与图 2-37(a)相同的任务,若不采用反馈控制,则可通过操作机终端机械结构的变形来适应操作过程中遇到的阻力。在图 2-37(b)中,在柱销与操作机之间设有类似弹簧的机械结构。当柱销插入孔内而遇到阻力时,弹簧系统就会产生变形,使阻力减小,使柱销轴与孔轴重合,保证柱销顺利地插入孔内。由于被动柔顺控制存在各种不足,主动柔顺控制(力控制)逐渐成为主流。

智能控制方式:在不确定或未知条件下作业时,机器人需要通过传感器获得周围环境的信息,根据自己内部的知识库做出决策,进而对各执行机构进行控制,自主完成给定任务。采用智能控制技术时,机器人会具有较强的环境适应性及自学习能力。智能控制方式与人工神经网络、模糊算法、遗传算法、专家系统等人工智能的发展密切相关。这部分内容请自

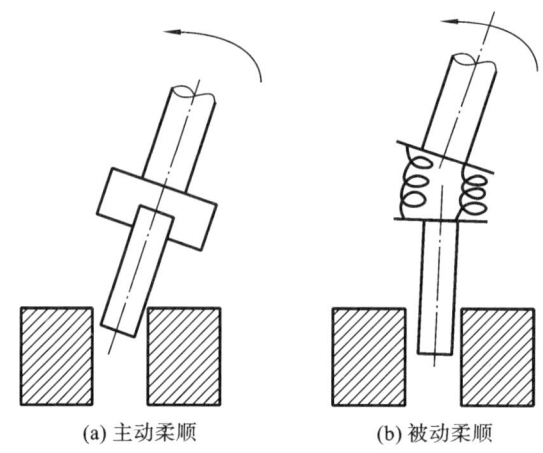

(a) 主动柔顺　　　　　　(b) 被动柔顺

图 2-37　主动柔顺与被动柔顺示意图

行参阅相关文献来进行学习和研究。

四、工业机器人控制系统的组成

工业机器人控制系统的组成主要包括以下几部分。

1. 控制计算机

它是控制系统的调度指挥机构,一般为微型机和可编程逻辑控制器(PLC)。

2. 示教编程器

示教机器人的工作轨迹、参数设定和所有人机交互操作都拥有自己独立的 CPU 及存储单元,与主计算机之间以串行通信方式实现信息交互。

3. 操作面板

操作面板由各种操作按键和状态指示灯构成,能够完成基本功能操作。

4. 磁盘存储

其用于存储工作程序中的各种信息数据。

5. 数字量和模拟量输入/输出

数字量和模拟量输入/输出是指各种状态和控制命令的输入或输出。

6. 打印机接口

打印机接口用于打印记录需要输出的各种信息。

7. 传感器接口

传感器接口用于信息的自动检测,实现机器人的柔顺控制等。一般有力觉、触觉和视觉传感器。

8. 轴控制器

其用于完成机器人各关节位置、速度和加速度控制。

9. 辅助设备控制

其用于控制机器人的各种辅助设备,如手爪变位器等。

10. 通信接口

其用于实现机器人和其他设备的信息交换,一般有串行接口、并行接口等。

11. 网络接口

网络接口包括 Ethernet 接口和 Fieldbus 接口。

（1）Ethernet 接口。可通过以太网实现数台或单台机器人与 PC 机的通信,数据传输速率高达 10 Mb/s,可直接在 PC 机上用 Windows 库函数进行应用程序编程,支持 TCP/IP 通信协议。通过 Ethernet 接口可将数据及程序装入各个机器人控制器中。

（2）Fieldbus 接口。Fieldbus 接口支持多种流行的现场总线规格,如 DeviceNet、AB Remote I/O 等。

五、工业机器人控制系统的结构

工业机器人的控制系统有三种结构:集中控制、主从控制和分布式控制。

（1）集中控制方式:用一台计算机实现全部控制功能。早期的机器人常采用这种结构。集中控制系统的优点为:硬件成本较低,便于信息的采集和分析,易于实现系统的最优控制,整体性与协调性较好。其缺点为:缺乏灵活性,一旦出现故障影响面广;而且由于工业机器人的实时性要求很高,当系统进行大量数据计算时,系统的实时性会降低,系统对多任务的响应能力也与系统的实时性相冲突;系统连线复杂,降低了系统的可靠性。

（2）主从控制方式:采用主、从两级处理器实现系统的全部控制功能。主 CPU 实现管理、坐标变换、轨迹生成和系统自诊断等功能,从 CPU 实现所有关节的动作控制。主从控制方式实时性较好,适用于高精度、高速度控制,但其系统扩展性较差,维修困难。

（3）分布式控制方式:分布式控制方式指将系统分成几个模块,每一个模块有其自己的控制任务和控制策略,各模块之间可以是主从关系,也可以是平等关系。这种方式实时性好,易于实现高速、高精度控制,易于扩展,可实现智能控制,是目前流行的方式。其主要思想是"分散控制,集中管理",即系统对总体目标和任务可以进行综合协调和分配,并通过子系统的协调工作来完成控制任务。在这种结构中,子系统由控制器、不同被控对象或设备构成,各个子系统之间通过网络等相互通信。分布式控制结构提供了一个开放、实时、精确的机器人控制系统,常采用两级控制方式。

两级分布式控制系统通常由上位机、下位机和网络组成。上位机可以进行不同的轨迹规划和算法控制,下位机用于插补细分、控制优化等。上位机和下位机通过通信总线相互协调工作,通信总线可以是 RS-232、RS-485、IEEE 488 及 USB 总线等形式。现在,新型的网络集成式全分布控制系统,即现场总线控制系统(fieldbus control system,FCS)也已经被广泛应用。在机器人系统中引入现场总线技术后,更有利于机器人在工业生产环境中的集成。

无论工业机器人的控制方式如何,机器人控制柜是必需的。它用于放置各种控制单元,进行数据处理及存储,并执行程序,是机器人系统的大脑。

六、ABB 工业机器人控制系统

ABB 工业机器人的控制柜如图 2-38 所示。它具有如下特点。

1. 灵活性强

IRC5 控制器由一个控制模块和一个驱动模块组成,可选增一个过程模块以容纳定制设备和接口。配备这 3 种模块的控制器完全有能力控制一台 6 轴机器人外加伺服驱动工件定位器及类似设备。若需增加机器人的数量,只需为每台新增机器人增装一个驱动模块,还可选择安装一个过程模块。各模块间只需要通过两根连接电缆连接,一根为安全信号传输电缆,另一根为以太网连接电缆,供模块间通信使用。

2. 模块化

控制模块作为 IRC5 的心脏,自带主计算机,能够执行高级控制算法,可为多达 36 个伺

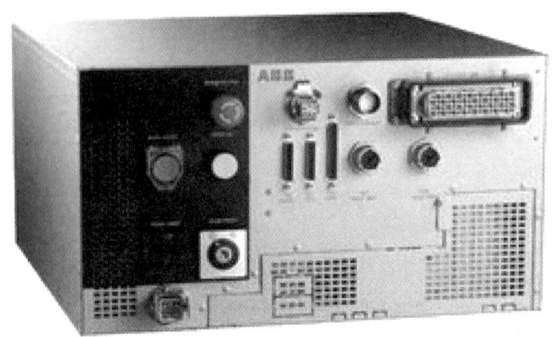

图 2-38　ABB 工业机器人控制柜

服轴进行路径计算,并可指挥 4 个驱动模块。

3. 可扩展性强

由于采用标准组件,用户不必担心设备淘汰问题,能随时进行设备升级。

4. 通信便利

完善的通信功能是 ABB 机器人控制系统的特点,其 IRC5 控制器的 PCI 扩展槽中可以安装几乎任何常见类型的现场总线板卡,支持最高速率为 12 Mb/s 的双信道 Profibus DP,可使用铜线和光纤接口的双信道 INTERBUS 通信。

ABB 工业机器人的控制柜按键如下。

(1) 主电源开关。其是机器人系统的总开关。

(2) 紧急停止按钮。在任何模式下,按下紧急停止按钮,机器人立即停止动作。要使机器人重新动作,必须使紧急停止按钮恢复至原来位置。

(3) 电动机上电/失电按钮。电动机上电/失电按钮表示电动机的工作状态。按键灯常亮表示上电状态,机器人的电动机被激活,已经准备好;按键灯快闪表示机器人未同步(未标定或计数器未更新),但电动机已激活;按键灯慢闪表示电动机未被激活。

(4) 模式选择按钮。ABB 工业机器人模式选择按钮一般分为两位选择开关和三位选择开关,如图 2-39 所示。

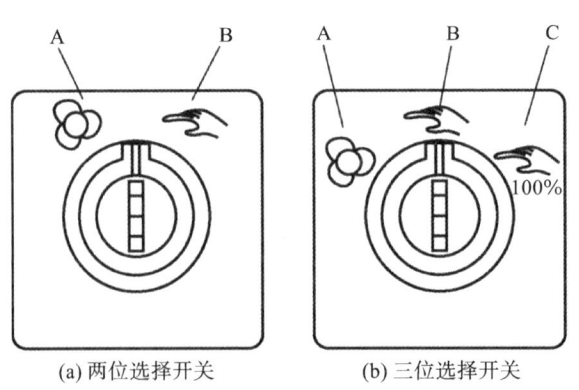

(a) 两位选择开关　　　　　　　(b) 三位选择开关

图 2-39　ABB 工业机器人模式选择按钮

A—自动模式;B—手动差速模式;C—手动全速模式

自动模式:机器人运行时使用,在此状态下,操纵摇杆不能使用。

手动差速模式:机器人只能以低速、手动控制方式运行,必须按住使能器才能激活电动机。

手动全速模式:用于在与实际情况相近的情况下调试程序。

七、KUKA 机器人控制系统

KUKA 机器人被广泛应用于汽车制造、造船、冶金、娱乐等领域。机器人配套的设备有 KRC2 控制器柜(见图 2-40)、KCP 控制盘。

图 2-40　KUKA 工业机器人控制柜

KUKA 工业机器人控制柜采用开放式体系结构和有联网功能的 PC-based 技术。其主要特点如下:

(1)采用标准的工业控制计算机处理器;

(2)操作系统基于 Windows 平台,可在线选择多种语言;

(3)支持多种标准工业控制总线;

(4)配有标准的各类插槽,方便扩展和实现远程监控与诊断;

(5)采用高级语言编程,程序可方便、快速地进行备份及恢复;

(6)集成了标准的控制软件功能包,可适应各种应用。

八、工业机器人控制的示教再现

工业机器人有示教功能。示教人员将机械手的运动预先教给机器人,在示教的过程中,机器人控制系统将各关节运动状态参数保存在存储器中。机器人工作时,机器人的控制系统就调用存储器中的各项数据来驱动关节运动,使机器人再现示教过的机械手的运动,完成要求的作业任务。示教有集中示教方式、分离示教方式、点对点示教方式、连续轨迹控制方式。

将机械手在空间的位姿、速度、动作顺序等参数同时进行示教的方式称为集中示教方式。示教一次即可生成关节运动的伺服指令。

将机械手在空间的位姿、速度等参数分开单独进行示教的方式称为分离示教方式。它的效果要好于集中示教方式。

在对采用点位控制的点焊、搬运机器人进行示教时,可以分开编制程序,并且能进行编辑、修改等工作。但是机械手在做曲线运动且对位置精度要求较高时,示教点数会较多,示教时间会延长。而且由于在每一个示教点处都要停止和启动,因此很难进行速度控制。

在对采用连续轨迹控制的弧焊、喷漆机器人进行示教时,示教操作一旦开始就不能中途停止,必须不间断地进行直至结束,且在示教途中很难进行局部修改。示教时可以手把手示教,也可通过示教编程器示教。

在示教的过程中,机器人关节运动状态的变化被传感器检测到后经过转换送入控制系统,控制系统将这些数据保存在存储器中,它们是机械手再现这些运动时所需要的关节运动数据,如图 2-41 所示。系统记忆这些数据的速度取决于传感器的检测速度、变换装置的转换速度和控制系统存储器的存储速度。记忆容量取决于控制系统存储器的容量。

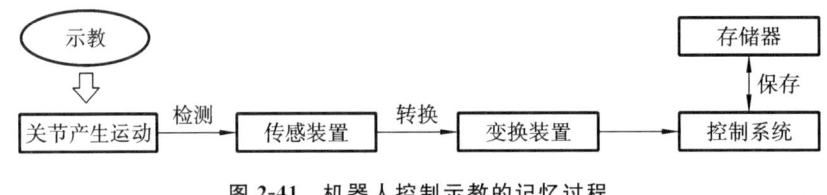

图 2-41　机器人控制示教的记忆过程

九、工业机器人的运动控制

机器人的运动控制是指机械手在空间从一点移动到另一点或沿某一轨迹运动时,对其位姿、速度和加速度等运动参数的控制。在工业机器人控制系统中,控制方法往往取决于机器人的运动轨迹。

机械手的运动路径是机器人位姿的一定序列。路径控制通常只给出机械手的动作起点和终点,有时也给出一些中间的经过点,所有这些点统称为路径点。要注意这些点的信息不仅包括位置,还包括方向。

运动轨迹包含操作臂在运动过程中的位移、速度和加速度。轨迹控制就是控制机械手沿着一定的目标轨迹运动。轨迹控制通常根据机械手完成的任务而定,但是必须按照一定的采样间隔,通过逆运动学计算,在关节空间中寻找光滑函数来拟合这些离散点。

根据机器人作业任务中要求的手部运动,先通过运动学逆解和数学插补运算得到机器人各个关节运动的位移、速度和加速度,再根据动力学正解得到各个关节的驱动力(矩)。机器人控制系统根据运算得到的关节运动状态参数控制驱动装置,驱动各个关节产生运动,从而合成手在空间的运动,由此完成要求的作业任务。轨迹规划的过程如下:

(1)对机器人的任务、运动路径和轨迹进行描述;

(2)根据已经确定的轨迹参数,在计算机上模拟所要求的轨迹;

(3)对轨迹进行实际计算,即在运行时间内按一定的速率计算出位置、速度和加速度,从而生成运动轨迹。

在规划中,不仅要规定机器人的起点和终点,而且要给出各中间点(路径点)的位姿及路径点之间的时间分配关系,即给出相邻两个路径点之间的运动时间。轨迹规划既可在关节空间进行,也可在直角空间进行,但是用于规划的轨迹函数都必须连续和平滑,使得操作臂的运动平稳。

任务实施

为完成在制造装备博览会上对客户就公司工业机器人产品控制系统结构、特点及其控制方式进行介绍的工作任务,需完成以下工作:

(1)熟悉需介绍的公司产品——工业机器人的控制系统;

(2)了解工业机器人控制系统组成及其特点;

(3) 熟悉工业机器人控制系统的控制方式；

(4) 了解客户需求，并依据客户需求给出工业机器人控制系统选择建议；

(5) 对与客户交流沟通过程进行记录并整理相关资料文档；

(6) 填写任务工单。

任务工单如表 2-7 所示。

表 2-7　工业机器人控制系统认知任务工单

姓名		学号		地点
班级		时间		
工业机器人控制系统认知任务工单				
序号	主要工作内容		完成情况	备注
1	熟悉需介绍的公司产品——工业机器人控制系统			
2	了解工业机器人控制系统组成及其特点			
3	熟悉工业机器人控制系统的控制方式及各自特点			
4	依据客户需求给出工业机器人控制系统选择建议			
5	对与客户交流沟通过程进行记录并整理相关资料文档			
教师评分：			教师签名：	

考核评价

完成该任务后，应全面了解工业机器人控制系统组成及其特点，熟悉其控制方式，能根据客户生产线工艺要求为其给出工业机器人控制系统选择建议。请根据表 2-8 对照检查是否掌握了该任务实施过程中所需的知识点与技能点，是否具备了相关职业素养。

任务考核评价包括学生自评、学生互评、教师评价等三个维度。

表 2-8　考核与评价表

序号	评分点	评分标准	不同评价维度得分		分项得分
1	能清晰表述工业机器人控制系统组成及特点(20 分)	表述清晰正确得 20 分，表述基本正确得 12 分，不正确不得分	学生自评		
			学生互评		
			教师评价		
2	能正确表述工业机器人控制方式及其特点(20 分)	表述正确得 20 分，表述基本正确得 12 分，表述错误不得分	学生自评		
			学生互评		
			教师评价		
3	能根据客户实际需求为其提供工业机器人控制系统选择建议(30 分)	选择正确得 30 分，选择基本正确得 18 分，选择错误不得分	学生自评		
			学生互评		
			教师评价		
4	能正确填写任务工单(10 分)	填写正确得 10 分，填写基本正确得 6 分，填写不正确，每项扣 2 分，扣完为止	学生自评		
			学生互评		
			教师评价		

续表

序号	评分点	评分标准	不同评价维度得分		分项得分
5	体现良好的职业素养（20分）	与客户交流中体现良好的职业素养，包括穿着、言谈举止、敬业精神、团队意识等方面。根据以上评分点扣分，每违反一项扣5分，扣完为止	学生自评		
			学生互评		
			教师评价		

总评得分：

教师签名：　　　　学生A签名：　　　　学生B签名：

考核评价时间：

注：分项得分＝学生自评×20％＋学生互评×30％＋教师评价×50％。

课 后 练 习

1. 简要概括工业机器人控制系统的特点。
2. 简要概括工业机器人控制系统的功能。
3. 工业机器人控制系统的控制方式有哪些？
4. 简要概括集中控制、主从控制和分布式控制的特点。

微信扫码测试

思 政 园 地

铁路"医生"，钢轨女神——关改玉

检测机构是机器人的"神经系统"，传感器是"神经末梢"，决定着机器人加工生产的准确性和合格率。各行各业的检测环节都是工作正常进行的前提，至关重要。

在铁路交通行业里，有着这样一位钢轨检测探伤女神。关改玉，女，1988年出生，2009年毕业于山西金融职业学院，是中铁十七局集团铺架分公司首批取得国家资格认证的唯一女探伤技工，打破了男性垄断这一行业的惯例。全国"五一巾帼标兵"、全国"三八红旗手"。

高铁建设中，轨道铺设用的都是自动焊接技术，500米长的钢轨用自动焊接机一根根焊接在一起。关改玉的工作就是用专用的超声波探测仪，检查每一处钢轨焊接口是否合格，确认没有伤损，不会给日后行车安全留下隐患。这是一项对技术和责任心要求都非常高的工作。21岁那年，经过严格的培训和考核，她获得了国家高铁探伤工职业资格，之后一直从事高铁探伤工作。

关改玉说，这个工作的第一步是除锈，就是用专门的钢丝刷，将铁轨接缝处及周围的锈渍刷掉，再用毛刷将上面的细屑、灰土以及旁边的沙粒、碎石清理干净。第二步是涂抹机油，

就是铁轨探伤用的耦合剂,其功能相当于医生做 B 超时用的耦合剂,只是她的仪器是 A 超,第三步是用探头检测钢轨的轨底、轨腰、轨头等部位,确认每个焊接口没有伤损。

刚焊接的钢轨不能马上探伤,需要等焊接口的温度降下来才行。这样,焊接班的小伙子们在前面热火朝天地干着。关改玉一个人在两公里外默默地探伤,就像被大部队远远地甩在后面。想要说话,那也只能用仪器和铁轨对话。

能够探到伤损,是探伤工的价值所在。但现在钢轨无缝焊接技术已经非常成熟,常常一条线路几百公里走下来,没有一处伤损出现。关改玉说,现在碰到的伤损越来越少,但自己的压力反而越来越大,因为枯燥的工作很容易让人疲劳、分心,万一有一处伤损没有被探出,那留下的隐患可能是致命的。所以,尽管检测出伤损的概率很小,但必须要求自己对每个焊接口的检测都按照规程严格执行,这样或可以杜绝侥幸心理的出现,保证每个焊接口的检测过程都符合技术要求,检测的结果都科学可靠。

自从做了探伤工,关改玉觉得自己的性格都变了,"原来我不会轻易发脾气,可到了工地上,才发现自己是个较真的人。"一次,一条焊缝被检出有异样,经过反复探测和综合分析,她认为这个"异样"应该定为"伤损"。她立即找到焊工队要求返工,遭到婉拒后,她再次用波形分析向项目经理说明返工的必要性。在她的坚持下,项目经理下达了将这条缝切开返工的命令。

关改玉的工作,其实也是一份"良心"工作,现在技术成熟,往往几百公里的线路没有一处伤损。即使她在探测过程中,少出一点力,少费一道工,工作马虎一点,走点捷径,也不一定会影响工作结果。但关改玉没有这样做,她有着每一个焊接口都可能有伤损的忧虑,她要用自己一丝不苟的态度来排除这个忧虑,给出一个首先令自己信服的可靠结果,否则她就觉得自己的工作没有意义,担心真的会给通车后高速行驶中的列车留下致命的隐患。

关改玉的"较真",给她带来了"钢轨女神探"的美名,在公司里,从领导到员工都有一个共同的感觉,那就是有她为钢轨把关,心里踏实。

2016 年 5 月 1 日,央视《焦点访谈》用影像记录了关改玉的工作情形:她探伤时的一招一式都非常优美,远远看去,穿着工装的她就像铁轨上的一道风景,不过这道风景总是独自在远处,默默地美丽着。这种美丽蕴含着深刻的意蕴,让人回味,让人敬佩。

项目三 工业机器人末端执行器认知

项目情景

某公司为推广企业最新研发产品,展示企业技术服务能力,培养新人,拓展市场,拟组织专业团队参加各地的工业机器人博览会,需要你作为企业技术员在展销会期间对客户就公司研发的工业机器人末端执行器进行推介,主要内容是工业机器人末端执行器的认知,包括工业机器人末端执行器定义与特点、工业机器人末端执行器类型、工业机器人末端执行器发展现状与趋势、工业机器人末端执行器工作原理及选择依据等。

任务一 工业机器人末端执行器类型认知

任务目标

1. 了解工业机器人末端执行器的概念。
2. 能区分工业机器人末端执行器的种类。
3. 能根据生产线工艺要求合理选择工业机器人末端执行器类型。
4. 能向参加展会的客户介绍工业机器人末端执行器特点与类型。

任务描述

某机器人公司参加国内智能装备博览会,你作为公司派驻的现场工程师,就工业机器人末端执行器的类型与特点给参会客户介绍,使客户更好地了解公司产品,便于产品推广。根据客户实际需求帮助其选择合适的工业机器人末端执行器。

知识准备

一、工业机器人末端执行器概念

工业机器人末端执行器是安装在工业机器人运动链末端的器件,主要用于零件或部件的抓取、工件的喷涂及点胶、工件打磨、结构件焊接等作业。工业机器人末端执行器除机械装置之外,还包括实现末端执行器动作的相关控制装置。

二、工业机器人末端执行器的种类

工业机器人末端执行器可按用途、工作原理、手指或吸盘数量及智能化程度进行分类。

1. 按用途分类

1)手爪

手爪的主要功能是抓取、握持与释放工件或物品,具有一定的通用性。

抓取:根据生产线工艺要求,在给定的位置或运动姿态下抓取工件或物

多指灵巧手

品。工件或物品在手爪中必须可靠定位与夹紧,以保证工业机器人后续作业的准确性。

握持:确保工件或物品在搬运或装配过程中位置与姿态的准确性。

释放:依据生产线工艺要求,在指定位置释放工件或物品,解除手爪与工件或物品之间的约束关系。

2)专用工具

能完成某些特定功能的专用工具,包括喷枪、焊枪、胶枪及打磨头等。

2. 手爪按工作原理分类

手爪按工作原理可分为机械式、磁力式和真空式三种。其分类如图3-1所示。

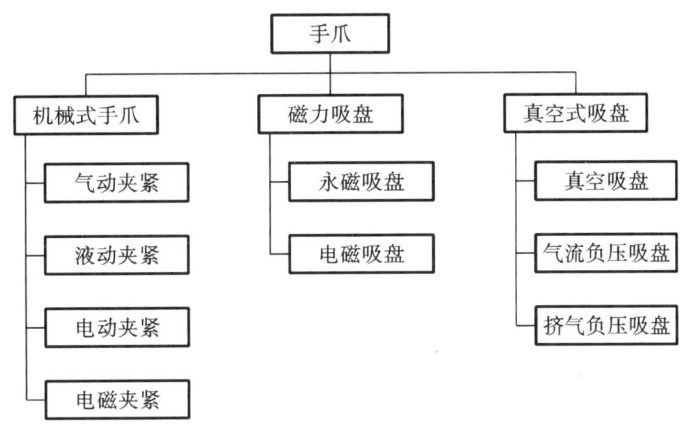

图3-1　手爪的分类

机械式手爪又分为依靠摩擦力夹持式和吊钩承重式两种。夹持式末端执行器是有指手爪,而承重式末端执行器是无指手爪。产生机械式手爪夹紧力的驱动源有电力驱动、气压驱动、液压驱动及电磁驱动。磁力吸盘又分为电磁吸盘和永磁吸盘。真空类手爪是真空式吸盘,也是无指手爪,按形成真空的原理分为真空吸盘、气流负压吸盘和挤气负压吸盘。

3. 手爪按手指或吸盘的数量分类

机械式手爪可分为二指手爪和多指手爪,按关节数量又可分为单关节手指手爪和多关节手指手爪。而吸盘式手爪分为单吸盘式手爪及多吸盘式手爪。

4. 手爪按智能化程度分类

手爪按智能化程度可分为普通手爪和智能手爪。其中智能手爪中安装了各类传感器,包括力传感器、滑觉传感器、触觉传感器等。传感器对手爪运动过程中的相关信号进行检测,并反馈给控制系统,控制系统进行信息处理后控制手爪的运动,以达到智能控制的目的。

三、工业机器人末端执行器的应用

1. 机械式手爪的应用

机械式手爪通常采用电力、气压、液压及电磁驱动,以实现手指的运动。由于气动手爪具有气源容易获得、结构简单、无环境污染、成本低、维修方便等特点,因此气动手爪作为工业机器人末端执行器在自动化生产线上应用广泛。液压驱动的手爪成本高,液压油存在污染。电动手爪具有手指开合电动机的控制可与机器人控制器共用控制系统、成本可有效控制等优点,但其夹紧力

可重构多指灵巧手

码垛组合抓手

比气动手爪和液压手爪小,开合时间比气动手爪和液压手爪的长。电磁手爪控制信号简单,但夹紧的电磁力与爪钳行程有关,只用于开合距离小的场合。

2. 磁力吸盘的应用

磁力吸盘包括电磁吸盘和永磁吸盘。磁力吸盘安装在工业机器人末端,通过磁场吸力吸取工件,不能吸取有色金属和非金属材料的工件。磁力吸盘的缺点是被吸取工件有剩磁,吸盘上常会吸附一些铁屑,导致工件吸附不可靠,只适用于工件要求不高或工件对剩磁不敏感的场合。高温条件下不宜采用磁力吸盘。磁力吸盘要求工件表面清洁、平整、干燥,以确保可靠吸附。

3. 真空式吸盘

真空式吸盘主要用于搬运体积大、质量小的工件,以及玻璃等板类工件。真空式吸盘对工件的表面质量要求高,要求表面平整光滑、干燥、清洁。

根据真空形成的原理,真空式吸盘分为真空吸盘、气流负压吸盘、挤气负压吸盘等三种。

1) 真空吸盘

通过真空泵使得吸盘内产生持续的负压,在此压力的作用下对工件产生吸力,以达到吸附工件的目的。吸盘吸力的大小取决于吸盘与工件表面的接触面积和吸盘内外的压差。

2) 气流负压吸盘

气流负压吸盘是运用伯努利效应使得压缩空气进入喷嘴后在橡胶皮碗内产生负压实现对工件的吸附的。

3) 挤气负压吸盘

挤气负压吸盘是通过将吸盘压向工件表面,将吸盘内空气挤出以形成负压来吸附工件的。运用外力或电磁力使压盖动作,进而破坏吸盘内的负压,释放工件。由于该吸盘产生的内外压差较小,故吸力不大,夹持可靠性低于真空吸盘和气流负压吸盘。

四、工业机器人末端执行器的特点

1. 末端执行器与工业机器人相连处可拆卸

末端执行器与工业机器人通过机械接口或者电气接头、气体接头和液压接头连接。可根据工业机器人作业对象的不同实现末端执行器的快速更换。

2. 末端执行器通用性差

末端执行器结构必须根据工业机器人的作业对象进行设计,其通用性差。

五、末端执行器的选择原则

(1) 末端执行器必须根据工业机器人的作业要求进行设计,在设计过程中优先选用标准的基础件,如气缸、油缸及传感器等,在此基础上再配以合适的机构连接件,以满足工业机器人的作业要求。

(2) 末端执行器应优先选用轻质材料制造,尽量减小质量,以提高工业机器人的负载能力。

(3) 应正确处理好专用末端执行器和通用末端执行器之间的关系,在满足工业机器人作业要求的基础上优先选择通用末端执行器,以降低成本。

任务实施

为完成在制造装备博览会上对客户就公司工业机器人产品末端执行器类型及特点、末端执行器的选择原则等进行介绍的工作任务,需完成以下工作:

(1) 熟悉需介绍的公司产品——工业机器人末端执行器;

（2）了解工业机器人末端执行器类型及其特点；

（3）熟悉工业机器人末端执行器的选择原则；

（4）了解客户需求，并依据客户需求给出工业机器人末端执行器选择建议；

（5）对与客户交流沟通过程进行记录并整理相关资料文档；

（6）填写任务工单。

任务工单如表 3-1 所示。

表 3-1　工业机器人末端执行器类型认知任务工单

姓名		学号		地点
班级		时间		
工业机器人末端执行器类型认知任务工单				
序号	主要工作内容	完成情况		备注
1	熟悉需介绍的公司产品——工业机器人末端执行器			
2	了解工业机器人末端执行器类型及其特点			
3	熟悉工业机器人末端执行器选择原则			
4	依据客户需求给出工业机器人末端执行器选择建议			
5	对与客户交流沟通过程进行记录并整理相关资料文档			
教师评分：			教师签名：	

考核评价

完成该任务后，应全面了解工业机器人末端执行器类型及其特点，熟悉其选择原则，能根据客户生产线工艺要求为其给出工业机器人末端执行器选择建议。请根据表 3-2 对照检查是否掌握了该任务实施过程中所需的知识点与技能点，是否具备了相关职业素养。

任务考核评价包括学生自评、学生互评、教师评价等三个维度。

表 3-2　考核与评价表

序号	评分点	评分标准	不同评价维度得分		分项得分
1	能清晰表述工业机器人末端执行器类型及特点（20分）	表述清晰正确得 20 分，表述基本正确得 12 分，不正确不得分	学生自评		
			学生互评		
			教师评价		
2	能正确表述工业机器人末端执行器选择原则（20分）	表述正确得 20 分，表述基本正确得 12 分，表述错误不得分	学生自评		
			学生互评		
			教师评价		
3	能根据客户实际需求为其提供工业机器人末端执行器选择建议（30分）	选择正确得 30 分，选择基本正确得 18 分，选择错误不得分	学生自评		
			学生互评		
			教师评价		
4	能正确填写任务工单（10分）	填写正确得 10 分，填写基本正确得 6 分，填写不正确，每项扣 2 分，扣完为止	学生自评		
			学生互评		
			教师评价		

续表

序号	评分点	评分标准	不同评价维度得分		分项得分
5	体现良好的职业素养（20分）	与客户交流中体现良好的职业素养，包括穿着、言谈举止、敬业精神、团队意识等方面。根据以上评分点扣分，每违反一项扣5分，扣完为止	学生自评		
			学生互评		
			教师评价		

总评得分：

教师签名：   学生 A 签名：   学生 B 签名：

考核评价时间：

注：分项得分＝学生自评×20％＋学生互评×30％＋教师评价×50％。

课 后 练 习

1. 简要概括工业机器人末端执行器的类型。
2. 简要概括工业机器人末端执行器的特点。
3. 简要概括工业机器人末端执行器的选择原则。

微信扫码测试

任务二 工业机器人末端执行器结构与工作原理认知

任务目标

1. 了解工业机器人末端执行器的结构与工作原理。
2. 能准确表述工业机器人末端执行器结构与工作原理。
3. 能对工业机器人末端执行器进行正确安装与调试。
4. 能向参加展会的客户介绍工业机器人末端执行器安装与调试中所需注意的问题。

任务描述

某机器人公司参加国内智能装备博览会，你作为公司派驻的现场工程师，就工业机器人末端执行器结构与工作原理给参会客户介绍，使客户更好地了解公司产品，便于产品推广。根据客户实际需求就工业机器人末端执行器的装调提出建议。

知识准备

一、真空吸附式末端执行器的结构与工作原理

1. 真空吸盘的结构与工作原理

真空吸盘的结构如图 3-2 所示。

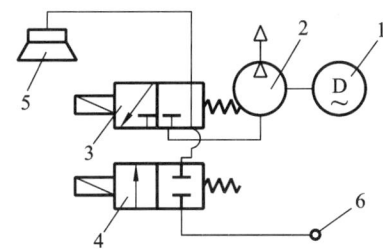

图 3-2 真空吸盘的结构

1—电动机；2—真空泵；3,4—电磁阀；5—吸盘；6—气管

从图 3-2 可以看出，真空吸盘由电动机、真空泵、电磁阀、吸盘及气管等部分组成。电动机带动真空泵运行，电磁阀 3 得电，电磁阀 4 失电，吸盘与工件接触所形成的密闭空间内的空气被抽出，形成真空，并产生较大的吸附力，以吸附工件。当需释放工件时，电磁阀 4 得电，电磁阀 3 失电，空气进入吸盘与工件接触所形成的密闭空间，真空消失，工件在其重力的作用下释放。

吸盘吸力在理论上取决于吸盘与工件表面的接触面积和吸盘内外压差，实际上与工件表面状态有十分密切的关系，它影响负压的泄漏情况。真空泵的采用，能保证吸盘内持续产生负压，所以这种吸盘比其他形式吸盘吸力大。

2. 气流负压吸盘

气流负压吸盘的结构如图 3-3 所示。

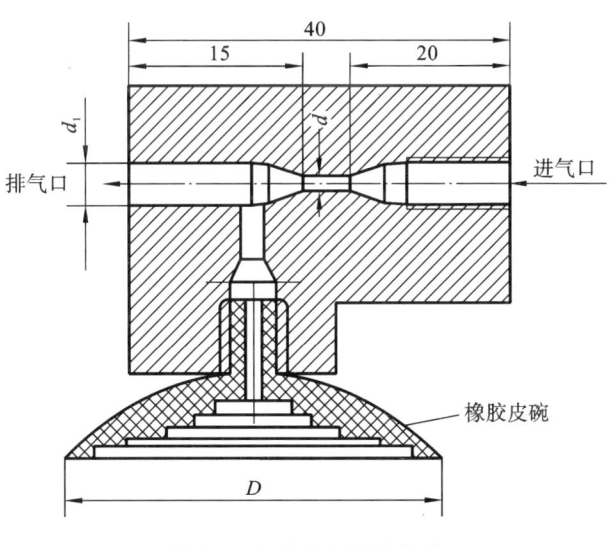

图 3-3 气流负压吸盘结构

压缩空气进入喷嘴后，利用伯努利效应使橡胶皮碗内产生负压，形成吸力，以达到吸附工件的目的。橡胶皮碗内的空气从排气口排出。当需释放工件时，进气口进气，负压消失，工件在重力作用下释放。

工厂一般都有空压机站或空压机，空压机气源比较容易获得，无须专为机器人配置真空泵，所以气流负压吸盘便于在工厂中使用。

3. 挤气负压吸盘

图 3-4 所示为挤气负压吸盘的结构。

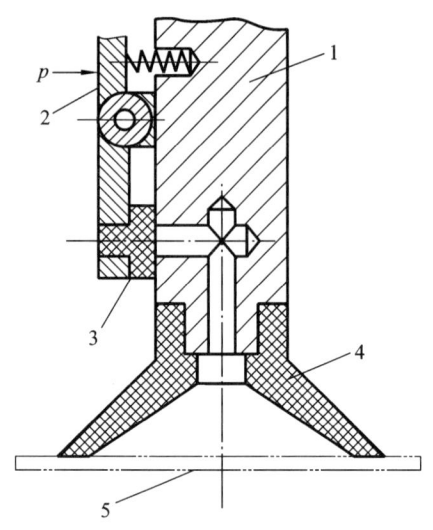

图 3-4　挤气负压吸盘结构
1—吸盘架；2—压盖；3—密封垫；
4—吸盘；5—工件

从其结构图可以看出，当吸盘压向工件表面时，吸盘内空气被挤出；松开时，压力去除，吸盘恢复弹性变形使吸盘内腔形成负压，将工件牢牢吸住，机械手即可进行工件搬运，到达目标位置后，用碰撞力或电磁力使压盖 2 动作，破坏吸盘内的负压，释放工件。

此种挤气负压吸盘既不需真空泵系统也不需压缩空气气源，是比较经济方便的，但可靠性比真空吸盘和气流负压吸盘差。

二、夹持式末端执行器结构与工作原理

1. 机电结合夹持式末端执行器结构与工作原理

1）机电结合夹持式末端执行器结构

机电结合夹持式末端执行器由驱动电动机、传感器、机械结构和执行元件等部分组成。

（1）驱动电动机。

电动机是传动及控制系统中的重要组成部分，是系统的动力源装置。

电动机按结构及工作原理可分为直流电动机、异步电动机和同步电动机。直流电动机按结构及工作原理可分为无刷直流电动机和有刷直流电动机。

直流无刷电动机是由电动机主体和驱动器组成的，是一种典型的机电一体化产品。因其强大的性能特点和独特优势，已逐步成为工业用电动机的主流。

直流无刷电动机具有体积小、质量小、出力大、中低速转速性能好、启动转矩大、启动电流小、过载能力强、可实现无级调速等特点，在机电结合夹持式末端执行器中得到广泛应用。

（2）传感器。

在机电结合夹持式末端执行器中常采用位置传感器。该传感器通过检测，确定工件是否到达某一个位置，它可以用一个开关量来表示信号。

位置传感器可分为接触式和非接触式两种。微动开关是一类接触式位置传感器，当规定的位移或力作用到可动部分（执行器）时，开关的接点断开或接通并发出相应的信号，控制机电结合夹持式末端执行器动作。

（3）机械结构。

机电结合夹持式末端执行器的机械结构包括传动机构、导向机构和限位机构等部分。

①传动机构。

a．螺旋传动。

机电结合夹持式末端执行器传动机构常采用螺旋传动。该传动可以将旋转运动转变为直线运动，包括由丝杠（螺杆）与螺母组成的普通螺旋传动和滚珠螺旋传动。其结构如图 3-5 所示。

其中，普通螺旋传动中螺杆与螺母之间为滑动摩擦，按使用要求不同可以分为三类。

传力螺旋：以传递动力为主，要求用较小的力矩转动螺杆（或螺母）而使螺母（或螺杆）产生轴向运动和较大的轴向力。

传导螺旋：以传递运动为主，并要求具有很高的运动精度。

调整螺旋：用于调整并固定零件或部件之间的相对位置，调整螺旋不经常转动。

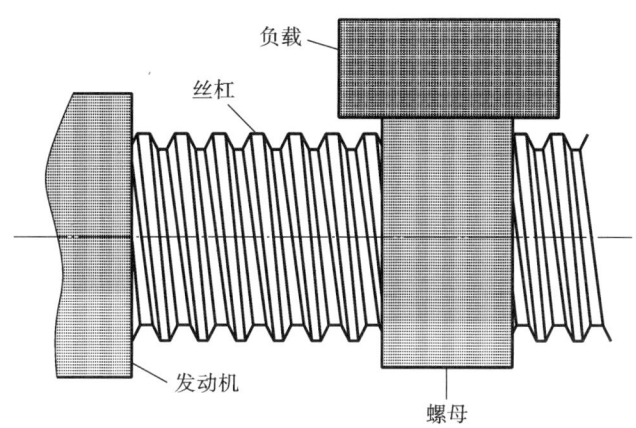

图 3-5　丝杠(螺杆)与螺母结构

滚珠螺旋传动指在具有螺旋槽的丝杠与螺母之间装有中间传动元件——滚珠,使丝杠与螺母之间的摩擦由普通螺旋的滑动摩擦变换为滚动摩擦,它由丝杠、螺母、滚珠和滚珠循环返回装置等四个部分组成。当丝杠转动时,带动滚珠沿螺纹滚道滚动。为了防止滚珠沿滚道端面排出,在螺母的螺旋槽两端设有滚珠回程引导装置,构成滚珠的循环返回通道,从而形成滚珠流动的闭合通路。

b. 带传动。

有些机电结合夹持式末端执行器采用带传动。

带传动是一种常用的、成本较低的动力传动装置,具有传动平稳、清洁(无需润滑)、噪声小的特点,同时具有缓冲、减振、过载保护的作用,且维修方便。

带传动一般由主动轮、从动轮、紧套在两轮上的传动带及机架组成,利用中间挠性件(传动带),靠摩擦力(或啮合)传递运动和动力。

同步带传动是机电结合夹持式末端执行器常用的传动系统,其同步带是横截面为矩形、其工作面具有等距横向齿的环形传动带,带轮轮面也制成相应的齿形,工作时靠带齿与轮齿啮合传动。

由于带与带轮无相对滑动,能保持两轮的圆周速度同步,故称为同步带传动。它具有如下优点:传动比恒定;结构紧凑;由于带薄而轻、抗拉强度高,故带速可达 40 m/s,传动比可达10,传递功率可达 20.0 kW;效率较高,约为 0.98。

由于同步带传动具有以上特点,故应用日益广泛。

②导向机构。

机电结合夹持式末端执行器常采用直线轴承。直线轴承是一种低成本的直线运动系统,该轴承在外圈之内装有钢球保持架,保持架上装有多个滚珠,滚珠做无限循环运动。保持架的两端以密封垫挡圈固定,在各钢球受力作用的直线轨道方向上设有缺口窗,此部分的作用是使受载的钢球与轴滚动接触,用非常小的摩擦系数相对移动。

③限位机构。

在机电结合夹持式末端执行器中,夹持的执行部件运动位置需要控制,为此,常采用限位挡块、限位开关等来实现位置控制,达到限位的目的。

(4)执行元件。

在机电结合夹持式末端执行器中直接参与定位夹持工件的部分称为执行元件,是系统中的夹持机构。这类元件通常有 V 块、滑块、电磁铁、真空吸盘、电磁吸盘、永磁吸盘、三爪卡盘、自适应机构、双臂并联操作机构等。

2）机电结合夹持式末端执行器工作原理

机电结合夹持式末端执行器结构如图 3-6 所示。

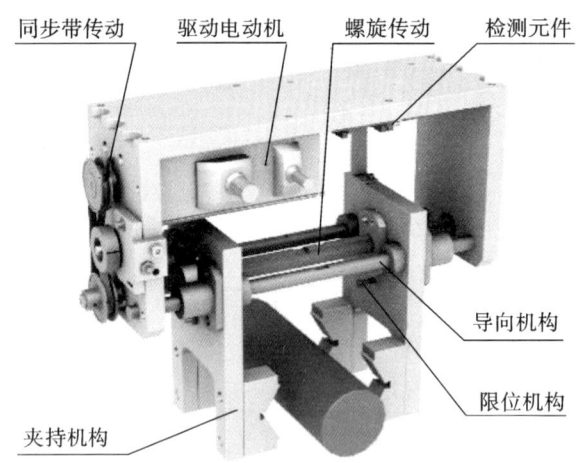

图 3-6　机电结合夹持式末端执行器结构

由图 3-6 可知,机电结合夹持式末端执行器夹持机构的运动由电动机驱动,驱动电动机带动同步带和螺旋传动机构运动,通过导向机构和限位机构实现夹持机构的运动。如果工业机器人程序出错,或者被抓取的工件没有及时补充,导致末端执行器未抓到工件的现象发生,则需通知 PLC 重复抓取动作,直到抓到工件为止。当出现抓空情况时,夹爪安装板运动距离就会超出行程,此时,检测元件触点闭合,给 PLC 发出一个抓空信号,PLC 收到该信号后再次执行抓取动作,以确保可靠抓取工件。

2. 气压夹持式末端执行器结构与工作原理

1）气压夹持式末端执行器结构

气压夹持式末端执行器一般由动力源、传感器、机械结构、执行元件组成。

（1）动力源。

这类末端执行器的动力源是气缸,是气压传动系统的执行元件,气压传动系统包括气源处理部分、气动控制部分、执行元件部分和辅助部分。

①气源处理部分:气源处理部分包括分水滤气器、调压阀和油雾器,俗称气动三大件。其目的是将由空气压缩机站通过管道传来的压缩空气进行过滤,调整压力,加入油雾,使气缸润滑。

②气动控制部分:当气动系统上有多个气缸时,各气缸有顺序、压力或换向等要求,需要对各种控制阀进行控制。

③执行元件部分:气动系统的执行元件是气缸,气缸分为单作用气缸和双作用气缸,具体选用哪种形式的气缸需根据夹持工件的要求与特点决定。

④辅助部分:辅助部分包括管路、接头、压力表及消声器等,主要起连接、测量、消声等作用。

（2）机械结构。

机械结构负责将动力源产生的运动传递到系统的执行元件,最终实现工件的抓取。常用的机械结构有齿轮传动机构、连杆机构、导向机构、同步运动机构等。

（3）执行元件。

末端执行器中直接参与定位夹持工件的部分称为执行元件。这类元件通常有 V 块、滑块、电磁铁、真空吸盘、电磁吸盘、永磁吸盘、三爪卡盘、自适应机构、双臂并联操作机构等。

2）气压夹持式末端执行器工作原理

气压夹持式末端执行器典型结构如图 3-7 所示。

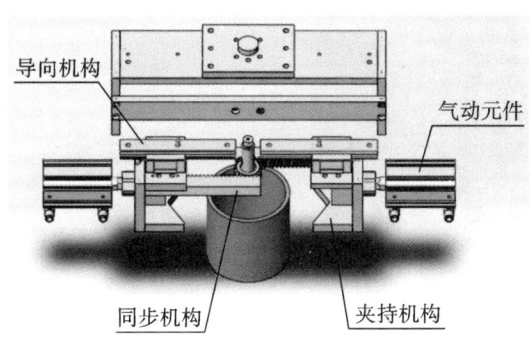

图 3-7　气压夹持式末端执行器典型结构

气压夹持式末端执行器工作原理如图 3-8 所示。从图 3-8 中可以看出,该末端执行器的夹持机构在气动元件的作用下,通过同步机构实现两个夹板的同步运动。在夹板运动过程中,由导向机构实现直线运动,通过夹持机构夹板的运动实现工件的夹紧和释放。气动元件是气缸,由气动系统给气缸提供动力。

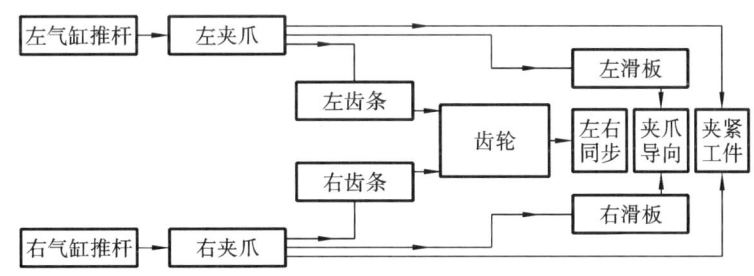

图 3-8　气压夹持式末端执行器工作原理

三、专用末端执行器结构与工作原理

工业机器人专用的末端执行器主要包括机器人动力头、焊枪和喷枪等。这些专用末端执行器有效拓展了工业机器人的运用范围。

1. 机器人动力头的结构与工作原理

各种类型动力头越来越多地应用于工业机器人。这些动力头安装在机器人的末端,由外部电动机提供动力,带动动力头运动,以实现钻孔、铣削、去毛刺、研磨或抛光等作业。典型的动力头如图 3-9 所示。

机械打磨方式目前分为刚性打磨和柔性打磨,可根据工件及工艺要求不同采用合适的刚性打磨头和柔性打磨头。刚性打磨头成本低,但工件外形复杂时加工效果不好,柔性打磨头则能有效弥补刚性打磨头的缺点。图 3-9 所示打磨动力头为刚性打磨头,由电动机提供动力,带动砂轮做旋转运动,通过机器人的运动调整打磨头的运动姿态,以高效完成工件打磨任务。

2. 焊枪的结构与工作原理

工业机器人用焊枪的结构如图 3-10 所示。该焊枪包括安装法兰、连接板、焊枪固定座、喷嘴固定座、支架、调整臂、连接销、送风喷嘴及专用固定焊枪等零部件组成。

图 3-9　典型打磨动力头

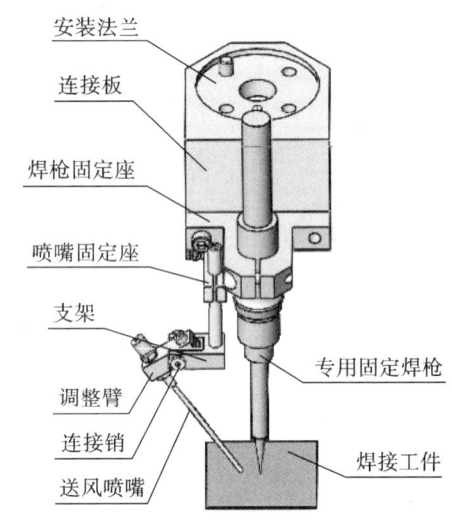

图 3-10　工业机器人用焊枪结构

作为焊接机器人的末端执行器,焊枪集提供焊接电流、送丝、供气功能于一体。焊枪通过送丝机为焊接提供焊丝,在焊枪中还有供气装置,为焊接提供保护性气体,以满足气体保护焊相关要求。焊枪安装在焊接机器人末端的安装法兰上。焊枪的运动轨迹由工业机器人编程实现。一般焊枪与机器人安装法兰之间装有碰撞传感器,当焊枪与工件或设备发生碰撞时,碰撞传感器会发出信号,使焊接中断。

3. 喷枪的结构与工作原理

喷枪分为吸力式、重力式和压力式三种。典型工业机器人用喷枪结构如图 3-11 所示。

工业机器人用喷枪包含枪身、枪头,枪身和枪头通过连接机构连接;枪头包含一喷嘴,喷嘴内部塞焊有若干金属圆钢;连接机构包含法兰和链条销子。喷嘴制造成扁平状,其更换比较方便,成本也较低,并能有效防止枪头脱落和磨损。喷枪中还有一些控制阀,以控制喷漆量和空气量。

喷枪的工作原理是将液体或压缩空气的迅速释放作为动力实现喷涂作业。

吸力式油漆喷枪:吸力式油漆喷枪利用高速气流使喷枪局部形成真空,从而产生吸力把油漆从壶中吸到喷嘴加以雾化喷出。

重力式油漆喷枪:重力式油漆喷枪利用重力把油漆从上面的壶中引至下面的喷嘴,再用风力加以雾化喷出。

压力式油漆喷枪:压力式油漆喷枪由另设的涂料增压罐供给涂料,增大增压罐的压力可使其同时向几支喷枪提供涂料。这种油漆喷枪的涂料喷嘴与空气帽中心孔位于同一平面,

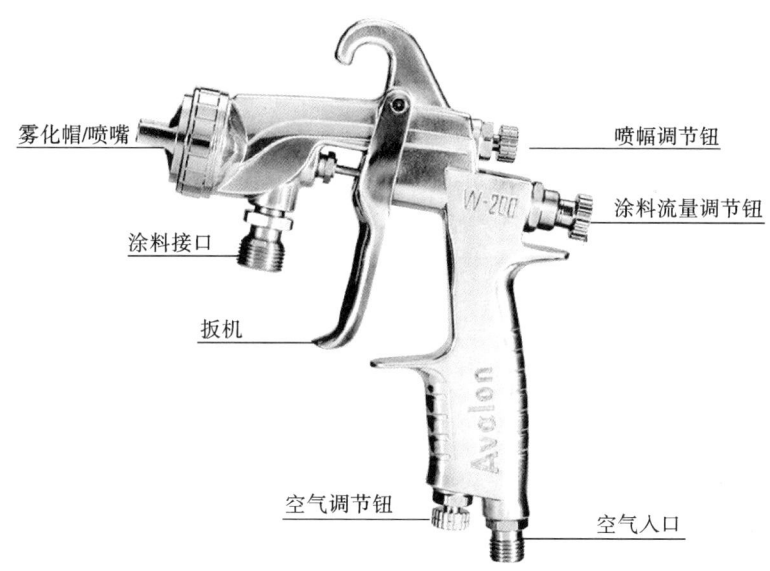

雾化帽/喷嘴

喷幅调节钮

涂料流量调节钮

涂料接口

扳机

空气调节钮

空气入口

图 3-11　典型工业机器人用喷枪结构

或涂料喷嘴较空气帽中心孔向内稍凹,涂料喷嘴前端不必形成负压。

任务实施

为完成在制造装备博览会上对客户就公司工业机器人产品末端执行器结构与工作原理等进行介绍的工作任务,需完成以下工作:

（1）熟悉需介绍的公司产品——工业机器人末端执行器结构;

（2）了解工业机器人末端执行器工作原理;

（3）了解客户需求,并依据客户需求给出工业机器人末端执行器选择建议;

（4）对与客户交流沟通过程进行记录并整理相关资料文档;

（5）填写任务工单。

任务工单如表 3-3 所示。

表 3-3　工业机器人末端执行器结构与工作原理认知任务工单

姓名		学号		地点
班级		时间		
工业机器人末端执行器结构与工作原理认知任务工单				
序号	主要工作内容	完成情况		备注
1	熟悉需介绍的公司产品——工业机器人末端执行器结构			
序号	主要工作内容	完成情况		备注
2	了解工业机器人末端执行器工作原理			
3	依据客户需求给出工业机器人末端执行器选择建议			
4	对与客户交流沟通过程进行记录并整理相关资料文档			
教师评分:			教师签名:	

考核评价

完成该任务后,应全面了解工业机器人末端执行器结构,熟悉其工作原理,能根据客户生产线工艺要求为其给出工业机器人末端执行器选择建议。请根据表3-4对照检查是否掌握了该任务实施过程中所需的知识点与技能点,是否具备了相关职业素养。

任务考核评价包括学生自评、学生互评、教师评价等三个维度。

表3-4 考核与评价表

序号	评分点	评分标准	不同评价维度得分		分项得分
1	能清晰表述工业机器人末端执行器结构(20分)	表述清晰正确得20分,表述基本正确得12分,不正确不得分	学生自评		
			学生互评		
			教师评价		
2	能正确表述工业机器人末端执行器工作原理(20分)	表述正确得20分,表述基本正确得12分,表述错误不得分	学生自评		
			学生互评		
			教师评价		
3	能根据客户实际需求为其提供工业机器人末端执行器选择建议(30分)	选择正确得30分,选择基本正确得18分,选择错误不得分	学生自评		
			学生互评		
			教师评价		
4	能正确填写任务工单(10分)	填写正确得10分,填写基本正确得6分,填写不正确,每项扣2分,扣完为止	学生自评		
			学生互评		
			教师评价		
5	体现良好的职业素养(20分)	与客户交流中体现良好的职业素养,包括穿着、言谈举止、敬业精神、团队意识等方面。根据以上评分点扣分,每违反一项扣5分,扣完为止	学生自评		
			学生互评		
			教师评价		

总评得分:

教师签名:　　　　　　学生A签名:　　　　　　　学生B签名:

考核评价时间:

注:分项得分=学生自评×20%+学生互评×30%+教师评价×50%。

课 后 练 习

1. 简要说明真空吸盘的结构与工作原理。
2. 简要说明气压夹持式末端执行器结构与工作原理。
3. 简要说明工业机器人用焊枪的工作原理。
4. 简要说明工业机器人用喷枪的工作原理。

微信扫码测试

思政园地

精英"焊"匠 军工绣娘——潘玉华

机器人焊接技术虽然在工业生产中已经应用成熟,但焊接工匠们严谨、执着、敬业、专注,在他们的岗位上发挥着机器人无法替代的作用。

潘玉华,1975年出生,现任职于中国电子科技集团有限公司第二十九研究所。

在2015年9月3日举行的阅兵式上,惊艳亮相的新一代预警机令人印象深刻。预警机是空中指挥所,被喻为整个飞行队伍的神经中枢。而这神经中枢里最精密的一部分器件,全靠中国电子科技集团的女技师潘玉华手工焊接而成。凭着一双巧手,1995年参加工作以来,潘玉华焊接了很多我国军工、航天领域先进飞机、卫星的零部件。

潘玉华所在的军工研究所承担着捍卫国家电磁空间安全的重任。通过多年潜心修炼,靠着手稳与心静,没有任何机器辅助,全凭手感,在一块一元硬币大小的电子板上焊接上千根细小的铅柱,潘玉华只需要两个小时,而这1000多次的重复,都保持着同样的精度。

在潘玉华眼中,要做好这项工作,除了执着与专注,没有任何捷径可言。入职之初,她也曾因一时的粗心大意,导致元器件变成废品。在一次出差中亲眼看见了飞行员的训练后,潘玉华深刻体会到了自己岗位的责任:"尽管产品制作过程中难免有失误,但当我真正看到自己做的东西,谁在使用它,谁在操控的时候,我知道对自己要求严格,就是保障使用我们产品的人的生命安全。"此后,同事们常常看到她为了研究焊接技术和工艺流程独自加班练习的身影。

2009年的一天,设计人员在研发新一代北斗卫星时遇到了难题,技术员梁剑东拿着一块有故障的电子板找到潘玉华,对她说:"我们需要对这个故障做一个定位,但是我们无法从1144个中找出究竟是哪一个。"梁剑东要求她把硬币大小的电子板上面的1144个"小腿"拆下来,找到故障后原样焊回。

"以前只有几十根、100多根、200多根的,对于1000多根,我觉得是一个挑战。"时间不等人,潘玉华屏气凝神,一动不动,4个小时后终于完成焊接,因长时间保持一个焊接动作,她的整个身体都有些僵硬了。看似不可能完成的任务,却达到了意想不到的效果。"焊接后的电子板几乎跟原厂出来的一样,基本看不到解焊过的痕迹,潘玉华真是把每个细节都做到了极致!"梁剑东慨叹。突破了自身极限,潘玉华把这项看起来不可能完成的工作变成驾轻就熟的绝活。

工间休息的时候,潘玉华会带徒弟们做投硬币的练习:在盛满水的水杯中投入一元硬币,保证水不会溢出。她经常对徒弟们说:"这个练的就是手的平衡感,练观察力……"

对此,潘玉华的徒弟徐小娟刚开始很不理解:"我觉得我做得挺好了,干吗还让我一遍又一遍地重复。"徒弟的心情,潘玉华深有体会,因为20年前刚入厂时,师傅就是这样要求她的。面对师傅的严苛要求,潘玉华还掉过眼泪。然而一次到基层部队出差的机会,让她真正体会到了肩上的责任。时至今日,潘玉华仍对当时情景记忆犹新:2003年寒冬,潘玉华去北方执行任务,头天晚上下了大雪,第二天维修的时候飞机冰冷,寒风刺骨,一个南方姑娘顶着39度高烧骑在机翼上,在凛冽的寒风中定位故障,烙铁的温度不够,战士们脱下大衣组成人体围墙,把焊点围住挡风,潘玉华坚持了1个多小时来修复故障。飞行员告诉她:"信号长时间中断会带来很大影响,可能造成巨大的安全事故,甚至有可能会机毁人亡。"这让潘玉华认识到了自己这份工作的责任与担当,便暗自下定决心生产出最好的产品给他们使用。战士们的真情和对国家的忠诚深深感动了潘玉华,那也是她第一次接触飞机,见到真正的飞行员。飞机修好了,战士们邀请潘玉华参观他们高难度的飞行训练,那场面震撼了她的内心。"他们的生命是由我们来保障的。"认识到自己的工作如此重要,潘玉华由衷自豪。

在潘玉华的感染和带动下,她的徒弟徐小娟也成了厂里有名的技术能手,还在全国技能大赛中获得了第三名的好成绩。徐小娟说:"不是所有人都可以干航天的,我觉得这个事情很光荣,飞机飞上天我可以说这是我做的,我觉得很自豪。"

追求职业技能的完美和极致,也正是潘玉华工作的信条。

极致是什么?它不是最终的结果,也不是固定的终点,它是更好的质量、更优的品质、更高的境界、更完美的事物,是人们心中更高的目标、更理想的状态。追求极致的过程,是从99%到99.9%,再到99.99%的过程,是追求"没有最好,只有更好"的过程,这就是"精益求精"的最高境界。

对潘玉华而言,追求极致就是不断提高自身的技术水平,更好地满足精密电子器件小型化、集成化的生产要求,确保产品的焊接质量。对所有人而言,追求极致是可以在生活、学习和工作中践行的。只要你不满足现在的状态、现有的成果,向着更快、更高、更强、更好的目标去行动、去努力、去奋斗,就是走在了追求极致的路上!

严谨求实、一丝不苟、追求极致,三者紧密联系、环环相扣,从不同侧面反映了精益求精的不同层次和具体内涵。虽然工匠所处的行业、所在的企业、所做的工作千差万别,但精益求精的工作要求是一致的。虽然工匠的年龄、性别、学历、技能各不相同,但精益求精的工作态度是必需的。

项目四　工业机器人程序编写

项目情景

某公司为推广企业最新研发产品,展示企业技术服务能力,培养新人,拓展市场,拟组织专业团队参加各地的工业机器人展销会,需要你作为企业技术员在展销会期间对客户就工业机器人程序的编写进行介绍,主要内容是工业机器人编程要求与编程语言特点、工业机器人示教编程实施、工业机器人离线编程与仿真实施等内容,需要在展会现场编写工业机器人程序,给客户展示。

任务一　工业机器人编程认知

任务目标

1. 了解工业机器人编程要求与语言类型。
2. 了解工业机器人语言系统结构与基本功能。
3. 了解常用的工业机器人编程语言。
4. 能向参加展会的客户介绍工业机器人编程语言结构与特点。

任务描述

某机器人公司参加国内智能装备博览会,你作为公司派驻的现场工程师,就工业机器人编程语言结构与特点向参会客户介绍,使客户更好地了解公司产品,便于产品推广。

知识准备

一、工业机器人编程要求与语言类型

工业机器人编程指使用某种特定语言来描述工业机器人动作轨迹,通过对工业机器人动作的描述,使其按照既定运动和作业指令完成编程者想要的各种操作。

1. 工业机器人编程要求

目前工业机器人常用编程方法有示教编程和离线编程两种。一般在调试阶段,可以通过示教盒对编译好的程序进行逐步执行、检查、修正,程序完全调试成功后,即可正式使用。不管使用何种语言,机器人编程过程都要求能够通过语言进行程序编译,能够把机器人的源程序转换成机器码,以便机器人控制系统能直接读取和执行。一般情况下,机器人的编程系统必须做到以下几点:

1)能够建立世界坐标系

在进行机器人编程时,需要描述物体在三维空间内的运动方式,因此要给机器人及其相

关物体建立一个基础坐标系。这个坐标系与大地相连,也称世界坐标系。为了方便机器人工作,也可以建立其他坐标系,但需要同时建立这些坐标系与世界坐标系的变换关系。机器人编程系统应具有在各种坐标系下描述物体位姿的能力和建模能力。

2) 能够描述机器人作业

机器人作业的描述与其环境模型密切相关,编程语言水平决定了描述水平。在现有的机器人语言下,需要给出作业顺序,由语法和词法定义输入语句,并由它描述整个作业过程。例如,装配作业可描述为世界模型的一系列状态,这些状态可用工作空间内所有物体的位姿确定。这些位姿也可利用物体间的空间关系来说明。

3) 能够描述机器人运动

描述机器人需要进行的运动是机器人编程的基本功能之一。用户能够运用语言中的运动语句,与路径规划器连接,允许用户规定路径上的点及目标点,决定是否采用点插补运动或笛卡儿直线运动。用户还可以控制运动速度或运动持续时间。

4) 允许用户规定执行流程

同一般的计算机编程一样,机器人编程系统允许用户规定执行流程,包括试验和转移、循环、调用子程序以及中断等。

5) 具有良好的编程环境

同任何计算机系统一样,一个好的编程环境有助于提高程序员的工作效率。好的编程系统应具有下列功能:

(1) 在线修改和重启功能。

机器人在作业时需要执行复杂的动作和花费较长的执行时间,当任务在某一阶段失败后,从头开始运行程序并不总是可行的,因此需要编程软件或系统具有在线修改程序和随时重新启动的功能。

(2) 传感器输出和程序追踪功能。

因为机器人和环境之间的实时相互作用常常不能重复,因此编程系统应能随着程序追踪记录传感器的输入输出值。

(3) 仿真功能。

可以在没有机器人实体和工作环境的情况下进行不同任务程序的模拟调试。

(4) 信息交换和交互功能。

在编程和作业过程中,编程系统应便于人与机器人之间进行信息交换,方便在机器人出现故障时及时处理,确保安全。而且,随着机器人动作和作业环境的复杂程度的增加,编程系统需要提供功能强大的人机接口。

2. 工业机器人编程语言类型

工业机器人编程语言按照作业描述水平的高低分为动作级、对象级和任务级三类。

1) 动作级编程语言

动作级编程语言是最低一级的机器人语言。它以机器人的运动描述为主。通常一条指令对应机器人的一个动作,表示机器人从一个位姿运动到另一个位姿。

动作级编程语言的优点是比较简单、编程容易。其缺点是功能有限,无法进行繁复的数学运算,不能接收复杂的传感器信息,只能接收传感器开关信息;与计算机的通信能力很差。

典型的动作级编程语言是美国 Unimation 公司于 1979 年推出的一种机器人编程语言,主要配置在 PUMA 和 Unimation 等类型机器人上,如"MOVE TO ＜destination＞",其含义为机器人从当前位姿运动到目的位姿。

2）对象级编程语言

对象级编程语言是描述操作对象即作业物体本身动作的语言。它不需要描述机器人手爪的运动，只需要由编程人员用程序的形式给出作业本身顺序过程的描述和环境模型的描述，即描述操作物与操作物之间的关系，通过编译程序机器人即能知道如何动作。

对象级编程语言典型的例子有 IBM 公司的 AML 及 AUTOPASS 等语言，是比动作级编程语言高一级的编程语言，除具有动作级编程语言的全部动作功能外，还具有以下特点。

（1）较强的感知能力。

除能处理复杂的传感器信息外，还可以利用传感器信息来修改、更新环境的描述和模型，也可以利用传感器信息进行控制、测试和监督。

（2）良好的开放性。

对象级编程语言系统为用户提供了开发平台，用户可以根据需要增加指令，扩展语言功能。

（3）较强的数字计算和数据处理能力。

对象级编程语言可以处理浮点数，能与计算机进行即时通信。

3）任务级编程语言

任务级编程语言是比前两类更高级的一种语言，也是最理想的机器人高级语言。这类语言不需要用机器人的动作来描述作业任务，也不需要描述机器人对象物的中间状态过程，只需要按照某种规则描述机器人对象物的初始状态和最终目标状态，机器人语言系统即可利用已有的环境信息和知识库、数据库自动进行推理、计算，从而自动生成机器人详细的动作、顺序和数据。

任务级编程语言的结构十分复杂，需要人工智能的理论基础和大型知识库、数据库的支撑，目前还不是十分完善，是一种理想状态下的语言，有待进一步研究。

二、工业机器人语言系统结构与基本功能

1. 工业机器人语言系统结构

工业机器人语言系统结构如图 4-1 所示。

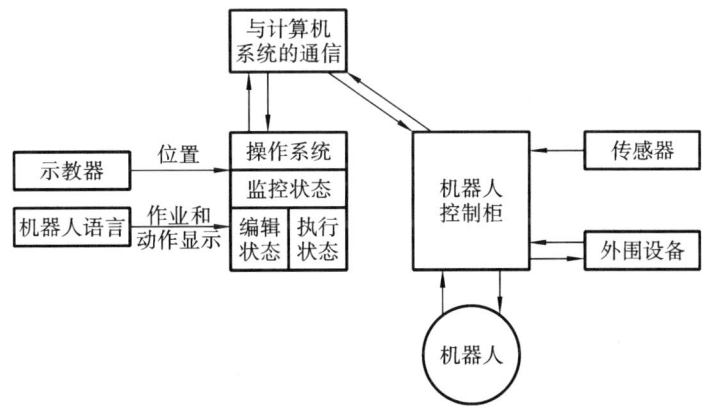

图 4-1　工业机器人语言系统结构

1）监控状态

监控状态用于整个系统的监督控制，操作者可以用示教器定义机器人在空间中的位置，设置机器人的运动速度,存储和调出程序等。

2)编辑状态

编辑状态用于操作者编制或编辑程序,一般包括写入指令、修改或删除指令以及插入指令等。

3)执行状态

执行状态用于执行机器人程序。在执行状态,机器人执行程序的每一条指令,程序都应是经过调试的,不允许执行有错误的程序。

2. 工业机器人编程语言的基本功能

机器人编程语言的基本功能包括运算、决策、通信、机械手运动、工具指令以及传感器数据处理等。机器人编程语言体现出来的基本功能都是由机器人系统软件形成的。

1)运算

机器人编程语言的运算功能指的是对机器人位姿的解析几何计算。通过对机械手位姿的求解、坐标运算、位置表示以及向量运算等来控制机器人的动作路径,实现操作者想要实现的动作。

2)决策

决策指机器人不进行任何运算,依靠传感器的输入信息直接执行机器人下一步任务的能力。这种决策能力使机器人控制系统的功能更强大,一条简单的条件转移指令(例如检验零值)就足以执行任何决策算法。

3)通信

通信能力指机器人系统与操作人员之间的信息沟通能力,允许机器人要求操作人员提供信息,告诉操作者下一步该干什么,以及让操作者知道机器人打算干什么。人和机器能够通过许多不同方式进行通信。常见的通信设备有信号灯、显示器或输入输出按钮等。

4)工具指令

一个工具控制指令通常是由闭合某个开关或继电器触发的。继电器闭合可以使电源接通或断开,以直接控制工具的运动,或者送出一个小功率信号给电子控制器,让后者去控制工具。

5)传感器数据处理

用于现场作业的机器人只有与传感器连接起来,才能发挥其全部效用。所以,传感器数据处理是许多机器人程序编制十分重要而又复杂的组成部分。当采用触觉、听觉或视觉传感器时,更是如此。

三、工业机器人常用编程语言

1. AL 语言

1)AL 语言概述

AL 语言是 1974 年由美国斯坦福大学基于 WAVE 语言开发的功能比较完善的动作级编程语言,它兼有对象级编程语言的某些特征,适合于装配作业的描述。AL 语言原设计用于具有传感器反馈的多台机器人并行或协同控制的编程。它具有 PASCAL 语言的特点,可以编译成机器语言在实时控制机上执行,支持实时编程语言的同步操作、条件操作、现场建模。

2)AL 语言格式

(1)程序由 BEGIN 开始,由 END 结束。

（2）语句与语句之间用"；"隔开。

（3）变量需先定义类型，然后使用。通常变量名以英文字母开头，由字母、数字和下划线组成字符串，字母不分大小写。

（4）程序的注释用大括号括起来。

（5）变量赋值语句中如所赋的内容为表达式，则先计算表达式的值，再把该值赋给等式左边的变量。

3）AL 语言中的数据类型

（1）标量（SCALAR）。

SCALAR 是 AL 语言中最基本的数据类型，它可以是时间、距离、角度及力等机器人能够感知或捕捉的数据，可以进行加、减、乘、除和指数等运算，也可以进行三角函数、自然对数和指数运算。

（2）向量（VECTOR）。

VECTOR 与数学中的向量类似，也具有相同的运算法则，可以由三个标量来构造。如：VECTOR（1，0，0）。

（3）旋转（ROT）。

ROT 用来描述一个轴的旋转或绕某个轴的旋转姿态。用 ROT 变量表示旋转变量时有两个参数，一个是代表旋转轴的简单向量，另一个表示旋转角度。

（4）坐标系（FRAME）。

FRAME 用来建立坐标系，变量的值表示物体固连坐标系与空间作业的参考坐标系之间的相对位置和姿态。

（5）变换（TRANS）。

TRANS 用来进行坐标之间的变换，具有旋转和向量两个参数，执行时先旋转再平移。

4）AL 语言常用指令介绍

（1）MOVE 指令。

MOVE 指令用来描述机器人手爪的运动，如手爪从一个位置运动到另一个位置。MOVE 指令的格式为：

MOVE < HAND> TO < 目的地>

（2）手爪控制指令。

OPEN：手爪打开指令。

CLOSE：手爪闭合指令。

语句的格式为

OPEN < HAND> TO < SVAL>

CLOSE < HAND> TO < SVAL>

其中 SVAL 为开度距离值，在程序中已预先指定。

（3）控制指令。

常用控制指令有：

IF < 条件> THEN < 语句> ELSE < 语句>

WHILE < 条件> DO < 语句>

CASE < 语句>

DO < 语句> UNTIL < 条件>

FOR…STEP…UNTIL…

（4）AFFIX 和 UNFIX 指令。

机器人在完成装配作业时,经常需要将一个物体粘到另一个物体上或将一个物体从另一个物体上剥离。语句 AFFIX 用于两物体粘贴的操作,语句 UNFIX 用于两物体分离的操作。

（5）监控子语句。

在 MOVE 语句中使用条件监控子语句可实现利用传感器信息来完成一定的动作。

监控子语句为:

ON ＜条件＞　DO ＜动作＞

2. VAL 语言编程

VAL 语言是美国 Unimation 公司于 1979 年推出的一种机器人编程语言,主要配置在 PUMA 和 Unimation 等类型机器人上,它是一种动作级编程语言。VAL 语言结构与 BASIC 语言结构类似,是基于 BASIC 语言发展起来的一种机器人语言。

VAL 语言一般用于上下两级计算机控制的机器人系统,上位机为 LSI-11/23,下位机为 6503 微处理器。上位机主要进行系统的编程和管理,下位机控制各关节的实时运动。

VAL 语言具有命令简单清晰、机器人作业动作及与上位机的通信方便、实时交互功能强等特点,可以在在线和离线两种不同状态下编程,能够迅速计算不同坐标系下机器人复杂运动轨迹,能够生成机器人的连续控制信号,可以使操作者实时在线修改程序和生成程序。VAL 语言适用于多种计算机控制的机器人。

VAL 语言系统包括监控指令和程序指令两个部分。

1) 监控指令

监控指令包括位置定义、程序和数据列表、程序和数据存储、系统状态设置和控制、系统开关控制、系统诊断和修改等 6 种。

常见的监控指令有以下几个。

POINT:定义执行终端位置,或以关节位置表示的精确点位赋值(位置定义指令)。

DPOINT:删除包括精确点或变量在内的任意数量的当前位置(位置定义指令)。

EDIT:允许用户建立或修改一个指定名字的程序,为用户编辑程序的起始(程序指令)。

DIRECTORY:显示存储器中的全部用户程序名(数据列表指令)。

LOADL:将文件中指定的位置变量送入系统内存(数据存储指令)。

DO:执行单步指令(控制程序指令)。

BORT:紧急停止指令(控制程序指令)。

CALIB:校准关节位置传感器(系统状态控制指令)。

2) 程序指令(6 种)

程序指令主要包括控制机器人关节或末端执行器运动、位姿等状态的指令,常见的指令如下。

（1）运动指令:GO、MOVE、MOVEI、MOVES、DRAW、APPRO、APPROS、DEPART、DRIVE、READY、OPEN、OPENI、CLOSE、CLOSEI、RELAX、GRASP 及 DELAY 等。

（2）机器人位姿控制指令:RIGHTY、LEFTY、ABOVE、BELOW、FLIP 及 NOFLIP 等。

（3）赋值指令:SETI、TYPEI、HERE、SET、SHIFT、TOOL、INVERSE 及 FRAME 等。

（4）控制指令:GOTO、GOSUB、RETURN、IF、IFSIG、REACT、REACTI、IGNORE、SIGNAL、WAIT、PAUSE 及 STOP 等。

（5）开关量赋值指令:SPEED、COARSE、FINE、NONULL、NULL、INTOFF 及 INTON 等。

（6）其他指令：REMARK 及 TYPE 等。

3．IML 语言

IML（interactive manipulator language)语言是日本九州大学开发的一种对话性好、简单易学、面向应用的机器人语言。它和 VAL 等语言一样，是一种着眼于末端执行器的动作级语言。

用户可以使用 IML 语言给出机器人的工作点、操作路线，或给出目标物体的位置、姿态，直接操纵机器人。除此之外，IML 语言还有如下一些特征：

（1）描述往返操作可以不用循环语句；

（2）可以直接在工作坐标系内使用；

（3）能把要示教的轨迹（末端执行器位姿矢量的变化）定义成指令，加入语言中，所示教的数据还可以用力控制方式再现出来。

4．RAPID 语言

RAPID 语言是瑞典 ABB 公司开发的机器人编程语言。RAPID 语言类似于高级编程语言，与 VB 和 C 语言结构相近。RAPID 语言所包含的指令包含机器人运动的控制，系统设置的输入、输出，能实现决策、重复、构造程序、与系统操作员交互等功能。

RAPID 应用程序由系统模块和程序模块构成。系统模块包含主程序，一般用于系统方面的控制，而程序模块可由操作者构建以完成机器人的动作控制。所有的 ABB 机器人都自带两个系统模块——USER 模块和 BASE 模块，使用时系统自动生成的任何模块都不能修改。每一个程序模块都包含了程序数据、编程指令、中断程序和功能四种对象。

1）程序数据

程序数据是在程序模块中设定的一些环境数据，创建的程序数据可由同一个模块或其他模块的指令引用。

ABB 机器人程序数据的存储类型有变量 VAR、可变量 PERS、常量 CONST。

（1）变量 VAR。

变量型数据在程序执行的过程中和停止时，会保持当前的值。程序指针被移到主程序后，数值会丢失。

（2）可变量 PERS。

可变量最大的特点是，无论程序的指针如何，其都会保持最后被赋予的值，直到对其重新赋值。

（3）常量 CONST。

常量的特点是在定义时已被赋予了数值，其不能在程序中修改，除非手动修改。

2）编程指令

（1）基本运动指令有 MoveL、MoveC、MoveJ、MoveAbsJ。

MoveL：线性运动指令。机器人的工具中心点（TCP）从起点到终点之间的路径始终保持直线。

MoveC：圆弧运动指令。机器人沿着可到达的空间范围内的三个点运动，第一个点为圆弧的起点，第二点为圆弧的中点，第三个点是圆弧的终点。

MoveJ：关节运动指令。在路径精度要求不高的情况下，机器人的工具中心点从一个位置移动到另一个位置，两个位置之间的路径不一定是直线。

MoveAbsJ：绝对位置运动指令。机器人使用六个轴和外轴的角度来定义目标位置数据。

（2）I/O 控制指令有以下几个。

Do：机器人输出信号。

Di：机器人输入信号。

Set：用于数字输出设置，"1"为接通，"0"为断开。

Reset：复位输出指令。

（3）程序流程指令有以下几个。

IF：判断执行指令。

WHILE：循环执行指令。

（4）停止指令如下。

STOP：软停止指令，机器人停止运行，直接运行下一句。

EXIT：硬停止指令，机器人停止运行，复位。

（5）赋值指令如下。

Date：= Value

（6）等待指令如下。

WaitTime   Time

任务实施

为完成在制造装备博览会上对客户就工业机器人编程语言结构与特点进行介绍的工作任务，需完成以下工作：

（1）熟悉工业机器人编程语言结构；

（2）了解工业机器人编程语言的特点；

（3）了解客户需求，并依据客户需求给出工业机器人编程语言选择建议；

（4）对与客户交流沟通过程进行记录并整理相关资料文档；

（5）填写任务工单。

任务工单如表 4-1 所示。

表 4-1　工业机器人编程认知任务工单

姓名		学号		地点
班级		时间		

工业机器人编程认知任务工单

序号	主要工作内容	完成情况	备注
1	熟悉工业机器人编程语言结构		
2	了解工业机器人编程语言特点		
3	依据客户需求给出工业机器人编程语言选择建议		
4	对与客户交流沟通过程进行记录并整理相关资料文档		

教师评分：　　　　　　　　　　　　　　　　　教师签名：

考核评价

完成该任务后，应全面了解工业机器人编程语言结构，熟悉其特点，能根据客户生产线工艺要求为其给出工业机器人编程语言选择建议。请根据表 4-2 对照检查是否掌握了该任务实施过程中所需的知识点与技能点，是否具备了相关职业素养。

任务考核评价包括学生自评、学生互评、教师评价等三个维度。

表 4-2　考核与评价表

序号	评分点	评分标准	不同评价维度得分		分项得分
1	能清晰表述工业机器人编程语言结构(20 分)	表述清晰正确得 20 分，表述基本正确得 12 分，不正确不得分	学生自评		
			学生互评		
			教师评价		
2	能正确表述工业机器人编程语言特点(20 分)	表述正确得 20 分，表述基本正确得 12 分，表述错误不得分	学生自评		
			学生互评		
			教师评价		
3	能根据客户实际需求为其提供工业机器人编程语言选择建议(30 分)	选择正确得 30 分，选择基本正确得 18 分，选择错误不得分	学生自评		
			学生互评		
			教师评价		
4	能正确填写任务工单(10 分)	填写正确得 10 分，填写基本正确得 6 分，填写不正确，每项扣 2 分，扣完为止	学生自评		
			学生互评		
			教师评价		
5	体现良好的职业素养(20 分)	与客户交流中体现良好的职业素养，包括穿着、言谈举止、敬业精神、团队意识等方面。根据以上评分点扣分，每违反一项扣 5 分，扣完为止	学生自评		
			学生互评		
			教师评价		

总评得分：

教师签名：　　　　　　学生 A 签名：　　　　　　学生 B 签名：

考核评价时间：

注：分项得分＝学生自评×20％＋学生互评×30％＋教师评价×50％。

课 后 练 习

1. 简要说明工业机器人编程语言结构。
2. 简要说明 AL 编程语言的特点。
3. 简要说明 VAL 编程语言的特点。
4. 简要说明 RAPID 编程语言的特点。

微信扫码测试

任务二　工业机器人示教在线编程实施

任务目标

1．了解工业机器人示教在线编程的方式与特点。

2．掌握工业机器人示教在线编程方法。

3．能向参加展会的客户展示工业机器人示教在线编程过程。

任务描述

某机器人公司参加国内智能装备博览会,你作为公司派驻的现场工程师,就工业机器人示教在线编程进行演示,使客户更好地了解公司产品,便于产品推广。

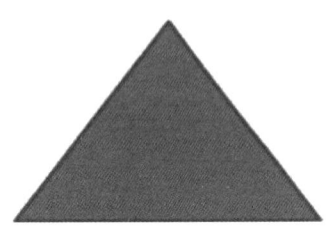

图 4-2　作业任务物体外轮廓

任务要求

机器人从机械原点 porigin 出发,先移动到 pstart 点,然后沿图 4-2 所示物体外轮廓移动,最后回到 porigin 点。其中机械原点 porigin 各轴转角参数为(0,0,0,0,0,0),pstart 点各轴转角参数为(0,0,0,0,45,0)。

知识准备

ABB 工业机器人的手动操纵又称为微动控制,就是使用 FlexPendant 的手动操作摇杆进行手动定位或移动机器人和外轴。

对机器人进行手动操纵的前提条件如下:

(1) 系统已启动;

(2) 系统处于"手动模式";

(3) 使能按钮已按下,系统处于"电机开启"模式。

示教器使用

ABB 机器人在手动模式下可以进行手动操纵。无论 FlexPendant 上显示什么视图都可以,但在程序执行过程中无法进行手动操纵。

手动操纵分三个步骤:选择动作模式→选择坐标系→操作示教器。

手动操纵机器人共有三种动作模式:单轴运动、线性运动和重定位运动。在具体操作时,可根据需求选择不同的动作模式。

单轴运动:ABB 机器人有 6 个独立运动的轴,如果每次手动操纵一个轴运动,这就称为单轴运动。这种方法主要适用于需要独立控制各个轴的场合,如机械原点的校准等,但很难预测工具中心点将如何移动。

线性运动:机器人的线性运动指机器人第 6 轴法兰盘上的工具中心点沿空间内的直线移动,即"从 A 点到 B 点直线移动"。工具中心点按选定的坐标系轴的方向移动。一般来说,线性运动时姿态和轨迹比较直观,机器人会根据走直线的需求自动调整各个轴,从而达到直线运动的目的,是比较便捷和常用的运动模式。

重定位运动:机器人的重定位运动指机器人第 6 轴法兰盘上的工具中心点在空间中绕着某点旋转的运动,也可以理解为机器人绕着工具中心点做姿态调整的运动。"姿态运动"指机器人的工具中心点在坐标系空间位置不变(X、Y、Z 数值不变),机器人 6 根转轴联动改变姿态。

手动操纵动作模式的选择有两种方法:从"手动操纵"窗口界面选择和示教器快捷按钮选择。

在窗口的右下部分有摇杆方向指示,摇杆方向的含义取决于选定的动作模式。

示教器快捷按钮选择动作模式以及摇杆方向指示含义如表 4-3 所示。

表 4-3　示教器快捷按钮选择动作模式以及摇杆方向指示含义

快捷按钮	动作模式	控制杆图示	说明
	线性	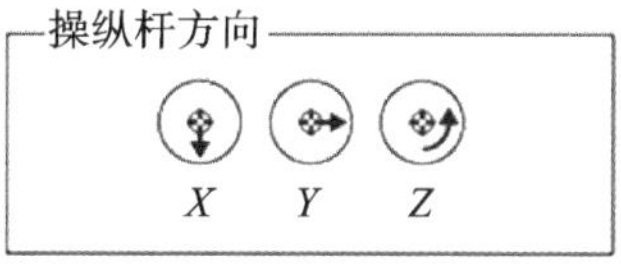 操纵杆方向 X Y Z	第6轴法兰盘上的工具中心点沿空间内的直线移动
	重定位	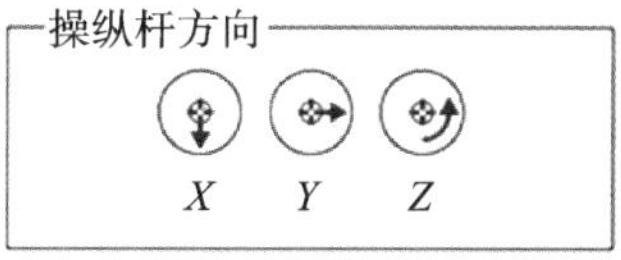 操纵杆方向 X Y Z	第6轴法兰盘上的工具中心点在空间中绕着某点做姿态调整运动
	轴1-3（机器人默认值）	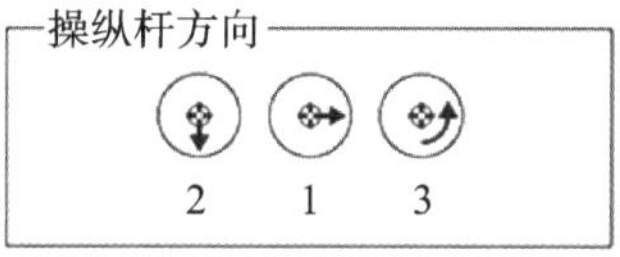 操纵杆方向 2 1 3	单独移动1、2、3轴
	轴4-6	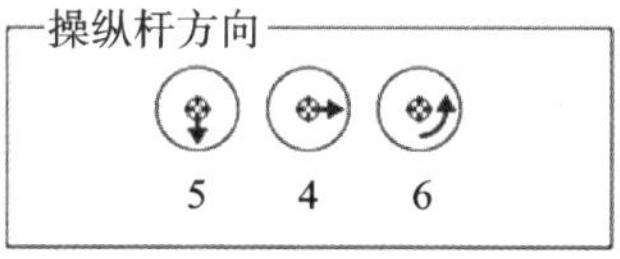 操纵杆方向 5 4 6	单独移动4、5、6轴

坐标系为线性运动规定了运动的参考方向,为了配合运动,必须选择合适的坐标系。

选择合适的坐标系会使手动操纵容易一些,但对选择哪一种坐标系并没有固定的要求。

一般采用能以较少的操作摇杆动作将工具中心点移至目标位置的坐标系为最佳选择。

基坐标系是机器人自带的坐标系,其方向在机器人安装时就已确定且无法修改,所以一般手动操纵机器人线性运动时首选基坐标系。

选定了动作模式和坐标系,就确定了机器人的运动方式,可以操纵机器人运动了。操纵方法为:一手持示教器,并用该手四指按住示教器使能器按钮,另一只手控制手动操纵摇杆,使机器人运动起来。

在手动操纵机器人运动时,操作人员面向机器人站立。

操纵过程中注意观察机器人的运动情况,机器人的移动速度应小于 250 mm/s,以避免发生意外和精确定位。

当工具接近时,可以使用增量运动的方法缓慢定位目标位置点。

1. 操纵摇杆控制机器人运动速度

操纵摇杆可以控制机器人的运动速度,其特点在于摇杆的操作幅度与机器人的运动速

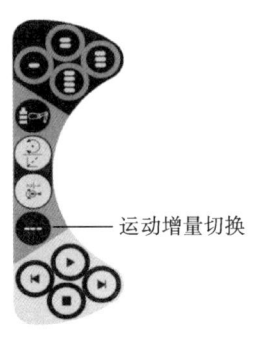

度相关:操作幅度小,则机器人运动速度慢;操纵幅度大,则机器人运动速度快。

一般在操作时,尽量小幅度操纵以使机器人慢慢运动,也可以根据需求适当增大操作幅度以调节速度,如距离目标位置点较远时。

2. 使用运动增量控制机器人运动速度

运动速度的调整除了控制操纵摇杆幅度外,还可以通过"运动增量切换"按键来实现。点击示教器右侧的"运动增量切换"按键,如图 4-3 所示,可进行机器人手动操纵运动速度切换。

图 4-3 "运动增量切换"按键

也可点击右下角的"快捷菜单",单击"增量"按钮(第 2 个按钮),在此设定增量运动的模式,如图 4-4 所示。

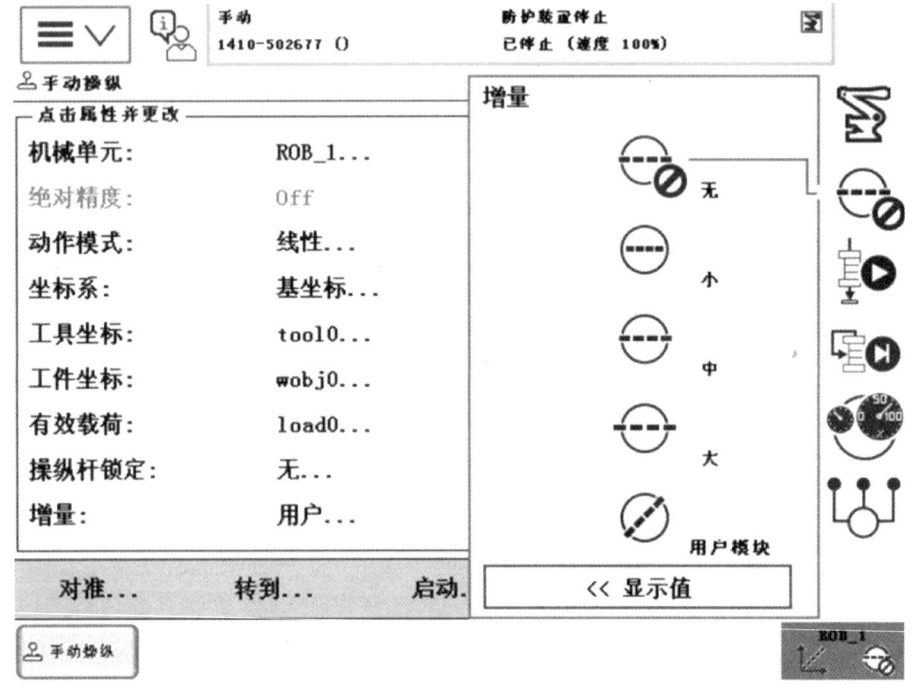

图 4-4 "增量"按钮

单击"显示值"按钮,可显示当前选择的移动方式的速度值,如图 4-5 所示。

可根据需要选择合适的增量值,如图 4-6 所示。

再次点击右下角的"快捷菜单"就可收起快捷菜单选项,如图 4-7 所示。

在手动操纵机器人运动时,需要注意控制运动速度,当需要精确定位点时,为了方便快捷,可以采用以下方法。

(1)使用操作杆锁定,对某个方向的摇杆控制进行锁定,让机器人完全在水平方向或垂直方向运动。

(2)使用增量运动,让机器人慢速靠近目标点。

(3)使用对准功能,让当前激活的工具中心点完全垂直对准某个指定的工件台,机器人可快速移动靠近。

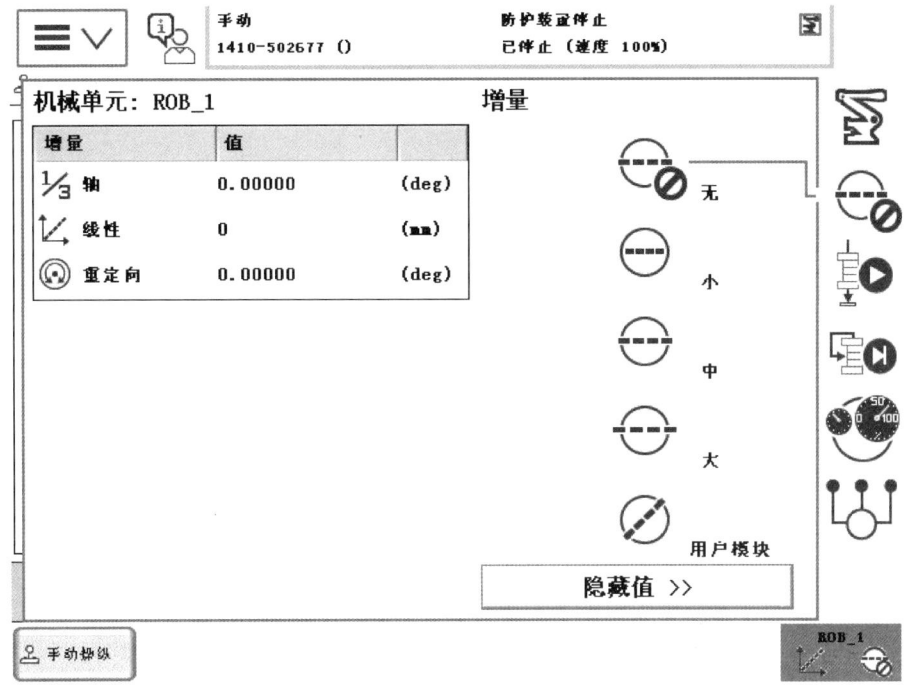

图 4-5　"显示值"按钮

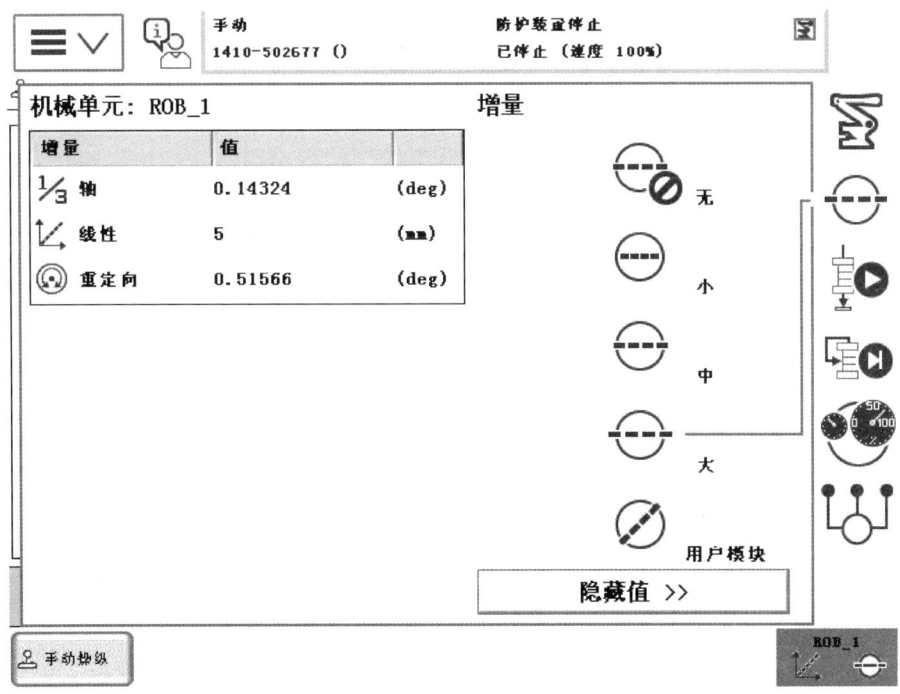

图 4-6　增量值选择

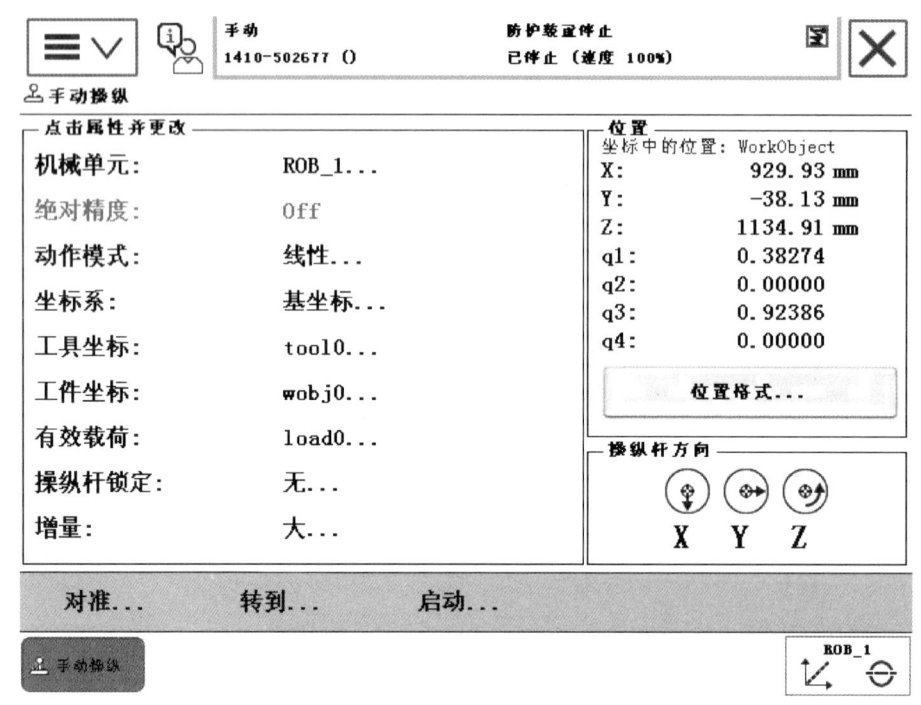

图 4-7　返回菜单界面

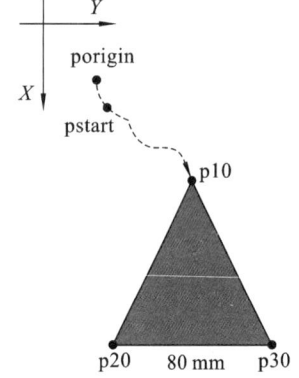

图 4-8　作业任务轨迹规划

（4）使用程序指令调试功能，可让机器人快速到达某个程序点。

任务实施

1. 作业任务规划

对作业任务进行编程之前，先对作业任务进行分析和规划，有利于理清编程思路，提高编程效率。

对于作业任务，做出轨迹规划，如图 4-8 所示。机器人从点 porigin 出发，沿 pstart → p10 → p20 → p30 → p10 → porigin 运动。

建立 RAPID 应用程序，命名为 outline。

机器人从 p20 点运动至 p30 点尝试使用指令功能 offs 实现。

2. 操作步骤

（1）单击示教器主菜单下的"手动操纵"菜单项，将"动作模式"改为"线性"，"工具坐标"设为"tool0"，"工件坐标"设为"Wobjo"。

（2）单击示教器"程序编辑器"菜单项，新建程序模块"Module1"，并在该模块中新建例行程序"Routine1"。

（3）选中"Routine1"，单击"显示例行程序"，再单击"添加指令"按钮，添加 MoveAbsJ 指令，机械原点 porigin 各轴转角参数为（0,0,0,0,0,0），pstart 点各轴转角参数为（0,0,0,0,45,0），速度设为 v200，转变半径设为 z50。

（4）选择合适的姿态，将工业机器人工具中心点移至轨迹轮廓上方，作为轨迹安全点

pstart。

（5）单击"添加指令"按钮，添加相关指令，完成程序的编写。

（6）单击"调试"按钮下的"检查程序"，若语法无误，则在"手动模式"下单击"调试"下的"pp 移至例行程序"，选择程序"Routine1"，单击程序启动按钮，开始运行程序。

3. 编写程序

```
PROC  Routine1 ()
MoveAbsJ  porigin\NoEoffs, v200,z50,tool0
MoveJ  pstart, v200, fine, tool0;
MoveJ  p10, v200, fine, tool0;
MoveL  p20, v200, fine, tool0;
MoveL  p30, v200, fine, tool0;
MoveL  p10, v200, fine, tool0;
MoveJ  pstart, v200, fine, tool0;
MoveAbsJ  porigin\NoEoffs, v200,z50,tool0
END  PROC
```

4. 任务实施步骤

为完成在制造装备博览会上对客户就公司工业机器人示教在线编程进行演示的工作任务，需完成以下工作：

（1）熟悉工业机器人示教在线编程；

（2）熟悉工业机器人示教在线编程相关指令；

（3）给客户演示工业机器人示教在线编程过程；

（4）对与客户交流沟通过程进行记录并整理相关资料文档；

（5）填写任务工单。

任务工单如表 4-4 所示。

表 4-4　工业机器人示教在线编程实施任务工单

姓名		学号		地点
班级		时间		
工业机器人示教在线编程实施任务工单				
序号	主要工作内容	完成情况		备注
1	熟悉工业机器人示教在线编程			
2	熟悉工业机器人示教在线编程指令			
3	给客户演示工业机器人示教在线编程过程			
4	对与客户交流沟通过程进行记录并整理相关资料文档			
教师评分：		教师签名：		

考核评价

完成该任务后，应全面了解工业机器人示教在线编程操作与方法，熟悉其相关指令，能给客户进行工业机器人示教在线编程演示。请根据表 4-5 对照检查是否掌握了该任务实施过程中所需的知识点与技能点,是否具备了相关职业素养。

任务考核评价包括学生自评、学生互评、教师评价等三个维度。

表 4-5　考核与评价表

序号	评分点	评分标准	不同评价维度得分		分项得分
1	能准确操作工业机器人示教器(20分)	操作正确得20分,操作基本正确得12分,操作不正确不得分	学生自评		
			学生互评		
			教师评价		
2	能正确运用工业机器人编程指令(20分)	运用正确得20分,运用基本正确得12分,运用错误不得分	学生自评		
			学生互评		
			教师评价		
3	能给客户演示工业机器人示教编程过程(30分)	演示正确得30分,演示基本正确得18分,演示错误不得分	学生自评		
			学生互评		
			教师评价		
4	能正确填写任务工单(10分)	填写正确得10分,填写基本正确得6分,填写不正确,每项扣2分,扣完为止	学生自评		
			学生互评		
			教师评价		
5	体现良好的职业素养(20分)	与客户交流过程中体现良好的职业素养,包括穿着、言谈举止、敬业精神、团队意识等方面。根据以上评分点扣分,每违反一项扣5分,扣完为止。	学生自评		
			学生互评		
			教师评价		

总评得分:

教师签名:　　　　　　　学生A签名:　　　　　　　学生B签名:

考核评价时间:

注:分项得分=学生自评×20%+学生互评×30%+教师评价×50%。

课 后 练 习

1. 简述重定位运动的概念。
2. 简述线性运动的概念。
3. 工业机器人示教在线编程可以分为哪几个步骤?
4. 在工业机器人示教在线编程中怎样实现目标位置点的精确定位?

微信扫码测试

任务三　工业机器人离线编程实施

任务目标

1. 掌握工业机器人离线编程软件的基本操作。
2. 学会运用工业机器人离线编程软件建立工业机器人系统。
3. 学会工业机器人运动路径的仿真。
4. 能向参加展会的客户展示工业机器人离线编程与仿真过程。

任务描述

某机器人公司参加国内智能装备博览会，你作为公司派驻的现场工程师，就工业机器人离线编程与仿真进行演示，使客户更好地了解公司产品，便于产品推广。

任务要求

选用 ABB 工业机器人，运用 RobotStudio 离线编程与仿真软件实现图 4-9 所示的轨迹并进行仿真。

知识准备

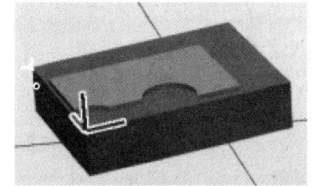

图 4-9　ABB 工业机器人运行轨迹

一、离线编程基本知识

1. 离线编程简介

工业机器人离线编程是指操作者在编程软件中构建整个机器人工作应用场景的三维虚拟环境，然后根据加工工艺等相关需求，进行一系列操作，自动生成机器人的运动轨迹，即控制指令，再在软件中仿真与调整轨迹，最后生成机器人执行程序传输给机器人。

目前常用的编程方式有两种：一种是示教编程（现场编程），一种是离线编程。随着机器人应用领域越来越广，传统的示教编程这种编程手段在有些场合的效率非常低下，于是离线编程应运而生，并且应用越来越普及。

离线编程的优势如下。

（1）缩短机器人停机时间，当对下一个任务进行编程时，机器人仍可在生产线上工作。

（2）使编程者远离危险的工作环境，改善了编程环境。

（3）离线编程系统使用范围广，可以对各种机器人进行编程，如 RobotMaster、HiperMOS、RobotWorks、InteRobot、RobotArt、RobMan 都支持多种品牌工业机器人的离线编程操作，包括 ABB、KUKA、FANUC、Yaskawa、Staubli 以及国产品牌机器人等。

（4）能方便地实现优化编程，RobotMaster、HiperMOS、RobotArt 这样的离线编程软件都可以进行一键优化轨迹。

（5）可对复杂任务进行编程，RobotMaster、HiperMOS 能够基于 CAD 模型（STP/IGS 等格式）中的几何特征（关键点、轮廓线、平面、曲面等）自动生成轨迹。

（6）便于直观地观察机器人工作过程，判断包括超程、碰撞、奇异点、超工作空间等错误，RobotMaster、HiperMOS 等软件提供自动优化上述错误的功能。

最近几年，随着工业机器人的大规模应用，各机器人大厂（ABB、FANUC、Yaskawa、KUKA 等）均提供了适配自家品牌机器人离线编程的软件，这些软件可以和自家品牌设备直连,做到准确的节拍仿真,ABB 的 RobotStudio 还可以实现产线仿真。无论是国外还是国内机器人离线编程软件,除了需在计算轨迹和仿真方面越来越完善外,具体到工业生产中,还需要针对各种工艺应用逐步完善相应的工艺包,这样才能真正满足大多数情况下的实际生产需求。有些特殊的工艺还需要进行软件定制开发,在这方面,国内机器人离线编程软件在现场优势、技术沟通、性价比等方面占据了相当大的优势。

未来发展中,因对机器人智能化的要求越来越高,离线编程也会向着智能化和"傻瓜"化的方向发展。离线、在线的界限会逐渐模糊,人工智能、云计算结合各种传感器,会将离线编程与机器人控制器共同融入车间级的智能处理系统中。

2. RobotStudio 软件简介

ABB 工业机器人离线编程软件使用的是 RobotStudio,RobotStudio 是一款计算机软件,用于机器人单元的建模、离线创建和仿真。RobotStudio 允许使用离线控制器和在计算机本地运行的虚拟 IRC5 控制器。这种控制器也被称为虚拟控制器(VC)。RobotStudio 还允许使用真实的物理 IRC5 控制器。

模拟仿真
软件

RobotStudio 软件的优点如下:

(1) CAD 导入方便。可方便地导入各种主流 CAD 格式的数据,包括 IGES、STEP、VRML、VDAFS、ACIS 及 CATIA 等。

(2) 具有 AutoPath 功能。该功能通过使用待加工零件的 CAD 模型,仅在数分钟之内便可自动生成跟踪加工曲线所需要的工业机器人位置(路径),而这项任务以往通常需要数小时甚至数天。

(3) 具有程序编辑器。可生成工业机器人程序,使用户能够在 Windows 环境中离线开发或维护工业机器人程序,可显著缩短编程时间、改进程序结构。

(4) 可进行路径优化。如果程序中包含接近奇异点的工业机器人动作,RobotStudio 可自动检测出来并报警,从而防止在工业机器人实际运行中出现其接近奇异点的现象。仿真监视器是一种用于工业机器人运动优化的可视工具,红色线条显示可改进之处,以使工业机器人按照最有效的方式运行,可以对工具中心点速度、加速度、奇异点或轴线等进行优化,缩短时间。

(5) 能进行可达性分析。利用 AutoReach 可自动进行可达性分析,使用十分方便,用户可通过该功能任意移动工业机器人或工件,直到其可到达所有位置,在数分钟之内便可完成工作单元平面布置验证和优化。

(6) 具有虚拟示教台。其是实际示教台的图形显示,其核心技术是 VirtualRobot。从本质上讲,所有可以在实际示教台上进行的工作都可以在虚拟示教台(QuickTeach)上完成,因而其是一种非常出色的教学和培训工具。

(7) 具有事件表。其是一种用于验证程序的结构与逻辑的理想工具。程序执行期间,可通过该工具直接观察工作单元的 I/O 状态。可将 I/O 连接到仿真事件,实现工位内工业机器人及所有设备的仿真。其是一种十分理想的调试工具。

(8) 具有碰撞检测功能。碰撞检测功能可避免设备碰撞造成严重损失。选定检测对象后,RobotStudio 可自动监测并显示程序执行时这些对象是否会发生碰撞。

(9) 具有 VBA 功能。采用 VBA 功能可改进和扩充 RobotStudio 功能,根据用户具体需要开发功能强大的外接插件、宏,或定制用户界面。

(10) 可直接上传和下载。整个工业机器人程序无需任何转换便可直接下载到实际工业机器人系统,该功能得益于 ABB 独有的 VirtualRobot 技术。

RobotStudio 软件的缺点:只支持 ABB 品牌工业机器人,工业机器人间的兼容性很差。

RobotStudio 提供以下安装选项。

(1) 完整安装。

(2) 自定义安装:允许用户自定义安装路径并选择安装内容。

(3) 最小化安装:仅允许以在线模式运行 RobotStudio。

3. RobotStudio 软件界面及基本操作

(1)"文件(F)"功能选项卡,如图 4-10 所示,包含菜单栏、用户界面和子菜单。

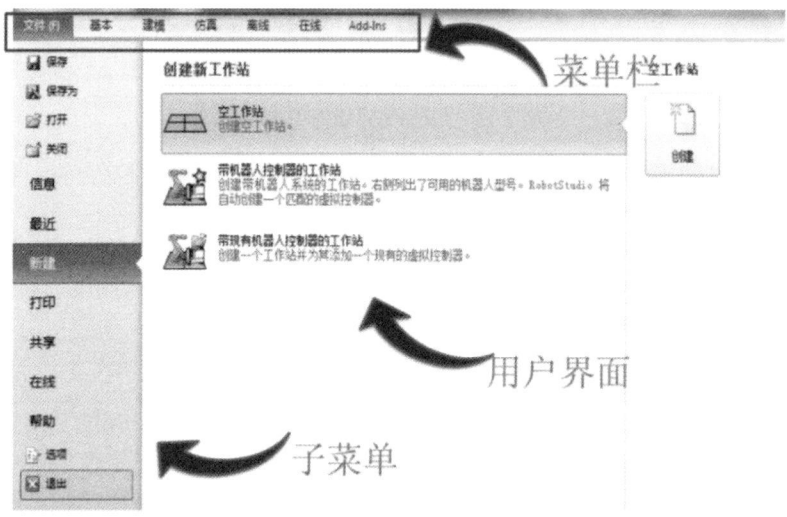

图 4-10　文件功能选项卡

(2)"基本"功能选项卡,如图 4-11 所示,包含建立工作站、创建系统、路径编程和摆放物体所需的控件。

图 4-11　"基本"功能选项卡

(3)"建模"功能选项卡,如图 4-12 所示,包含创建和分组、工作站组件、创建实体、测量以及其他 CAD 操作所需的控件。

图 4-12　"建模"功能选项卡

(4)"仿真"功能选项卡,如图 4-13 所示,包含创建、控制、监控和记录所需的控件。

图 4-13　"仿真"功能选项卡

（5）"控制器（C）"功能选项卡，如图 4-14 所示，包含用于虚拟器的同步、配置和分配任务的控制措施，还包含用于管理真实控制器的控制措施。

图 4-14　"控制器（C）"功能选项卡

（6）"RAPID"功能选项卡，如图 4-15 所示，包含集成的 RAPID 编辑器，用于除机器人运动之外的其他所有机器人任务。

图 4-15　"RAPID"功能选项卡

（7）"Add-Ins"功能选项卡，如图 4-16 所示，包含 PowerPacs 的控件等。

图 4-16　"Add-Ins"功能选项卡

4．基本操作

表 4-6 介绍了使用鼠标导航图形窗口的方法。

表 4-6　鼠标导航图形窗口使用方法

目的	键盘/鼠标组合	说明
选择项目		只需单击要选择的项目即可
旋转工作站	CTRL＋SHIFT＋	按 CTRL＋SHIFT 及鼠标左键的同时，拖动鼠标对工作站进行旋转
平移工作站	CTRL＋	按 CTRL 键和鼠标左键的同时，拖动鼠标对工作站进行平移
缩放工作站	CTRL＋	按 CTRL 键和鼠标右键的同时，将鼠标拖至左侧（右侧）即可以缩小（放大）
使用窗口缩放	SHIFT＋	按 SHIFT 键及鼠标右键的同时，将鼠标拖过要放大的区域
使用窗口选择	SHIFT＋	按 SHIFT 键及鼠标左键的同时，将鼠标拖过该区域，以便选择与当前选择层级相匹配的所有项目

二、创建机器人系统

创建机器人系统有多种方法。

（1）通过离线→系统生成器创建系统，如图 4-17 所示。

图 4-17　系统生成器创建

（2）通过建立工作站创建系统，如图 4-18 所示。

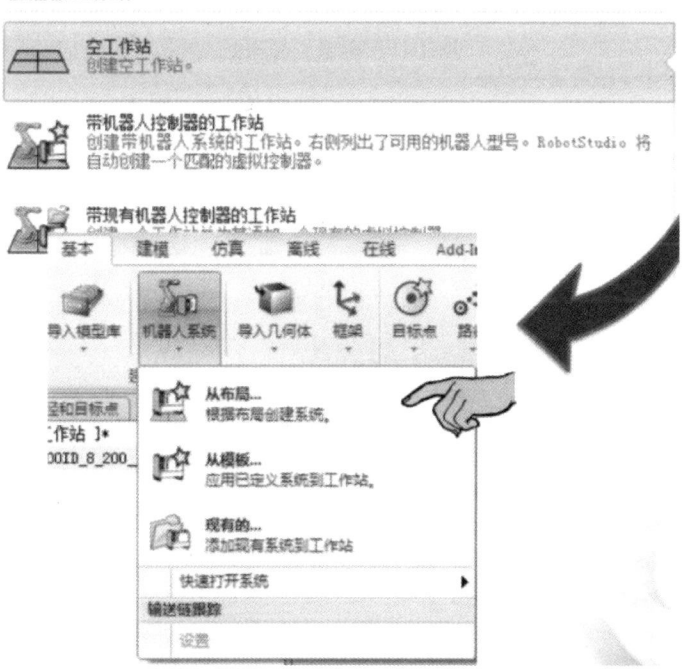

图 4-18　通过建立工作站创建系统

下面以通过工作站"从布局"创建系统为例，介绍创建系统的过程。

①首先打开"文件（F）"功能选项卡，选择"新建"，双击"空工作站"，创建一个空工作站，如图 4-19 所示。

图4-19 创建空工作站

②然后在"基本"功能选项卡中单击"ABB模型库",从相应的列表中选择所需的机器人、变位机和导轨,这里以IRB2600为例,如图4-20所示。

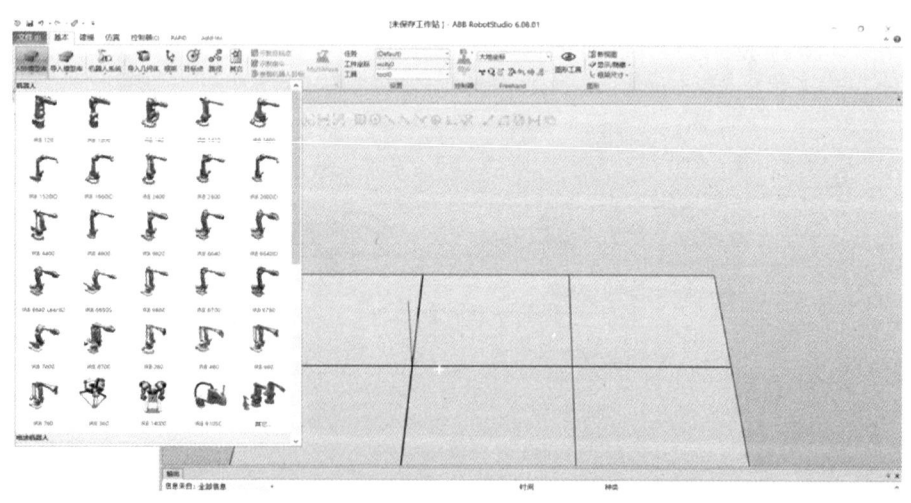

图4-20 工业机器人选型

③再在"基本"功能选项卡中单击"机器人系统",在"机器人系统"下拉菜单中单击"从布局…",如图4-21所示。

④在"名称"中输入新创建的系统的名称,名称不能含中文,如图4-22所示。

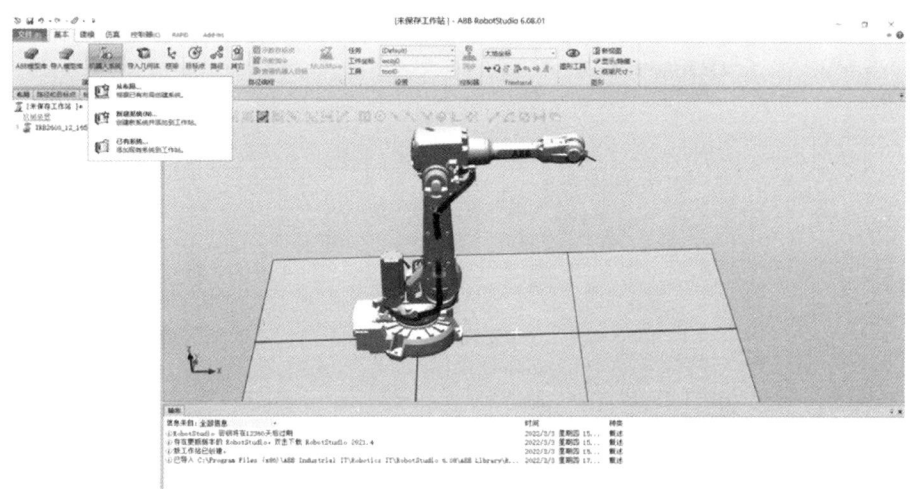

图 4-21 机器人系统设置

图 4-22 创建新系统名称界面

　　然后点击"下一个"进入"选择系统的机械装置"对话框,勾选系统中存在的机械装置"IRB2600_12_165_C_01_2",点击"下一个",如图 4-23 所示。

　　⑤配置系统参数。单击"选项…"进入修改页面,如图 4-24 所示。在这里修改默认语言,在更改选项类别中点击"Default Language",在选项"Chinese"前打钩,如图 4-25 所示。一次只能选择一种语言,打钩前要将选项"English"取消勾选,否则无法勾选"Chinese"。

图 4-23　机械装置选择界面

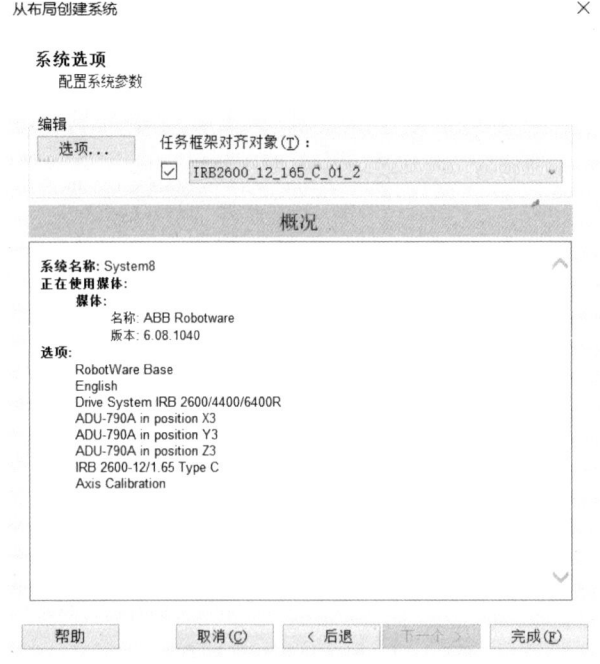

图 4-24　系统选项界面

　　点击"Industrial Networks"，在选项"709-1 DeviceNet Master/Slave"前打钩，如图 4-26 所示。

　　点击"Anybus Adapters"，在选项"840-1 Ether Net/IP Anybus Adapter"前打钩，如图 4-27所示。

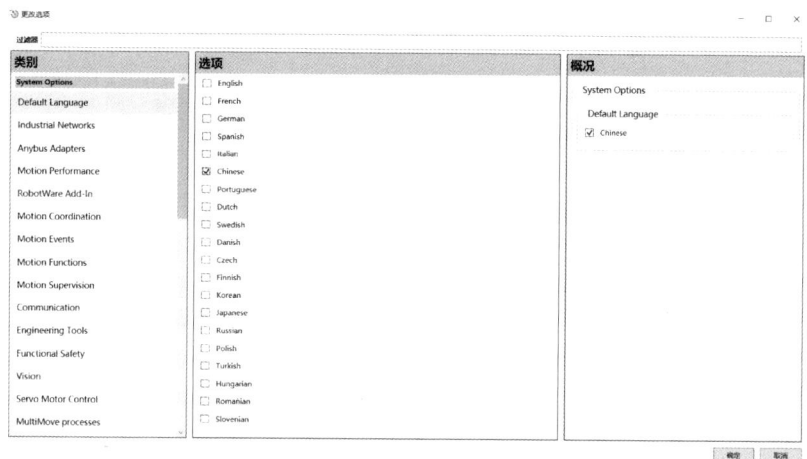

图 4-25　语言选择界面

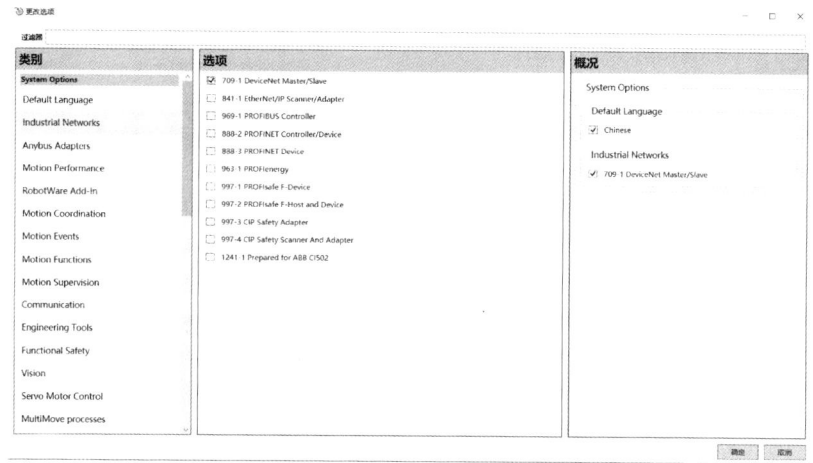

图 4-26　"Industrial Networks"选择界面

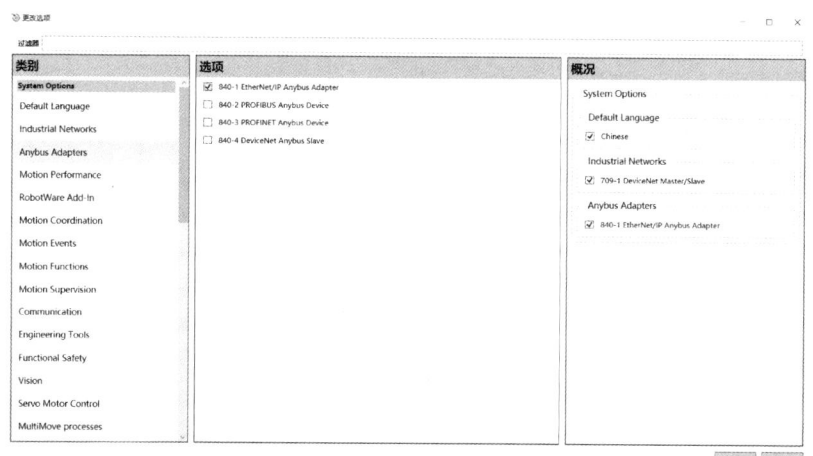

图 4-27　"Anybus Adapters"选择界面

完成以上功能选项更改之后,点击"确定",最后点击"完成(F)",如图 4-28 所示。

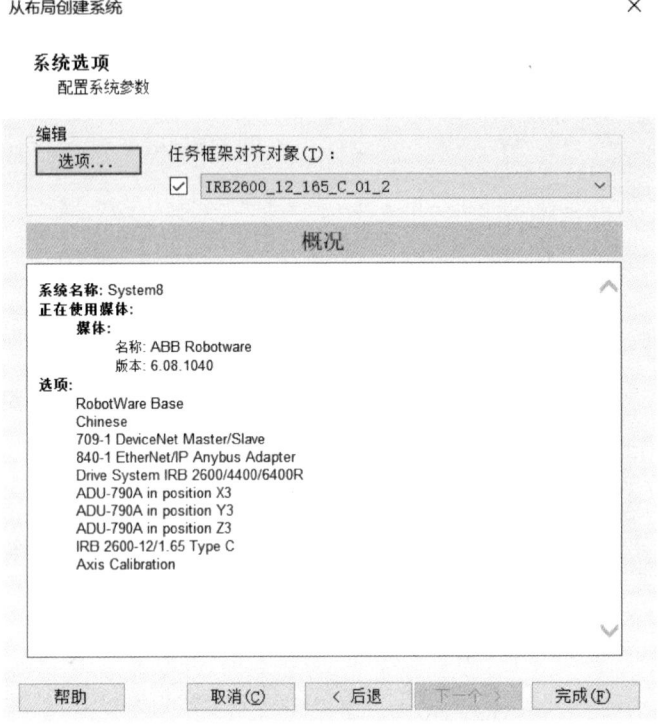

图 4-28　功能设置界面

⑥工作站右下角控制器状态由红色变为黄色,最后变为绿色,表示系统已完成启动(上电)且无异常,如图 4-29 所示。

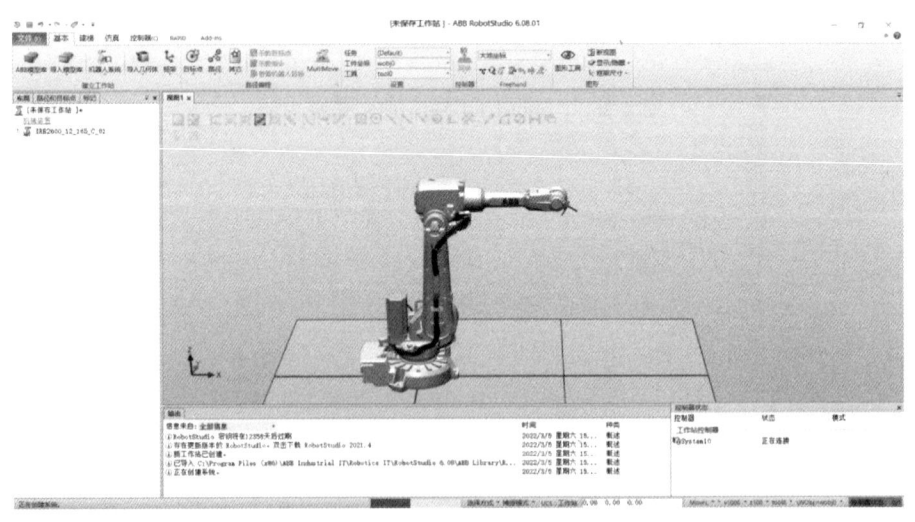

图 4-29　系统设置完成界面

任务实施

示教是由机器人取代手工作业而来的,用机器人代替人进行作业时,必须预先对机器人发出指示,规定机器人应该完成的动作和作业的具体内容。这个过程就称为对机器人的示教或对机器人的编程。当然,在不同的设备上都可以采用示教编程的方式,就是告诉机器要执行的步骤。采用示教方式来进行机器人运动路径仿真之前,必须创建工作站,电动机上电后才能完成任务。

1. 创建工件坐标系

在工作站中添加或创建一个工件,这里以加载工件为例,导入"Curve_thing",并将其移动到合适的位置,如图4-30所示。

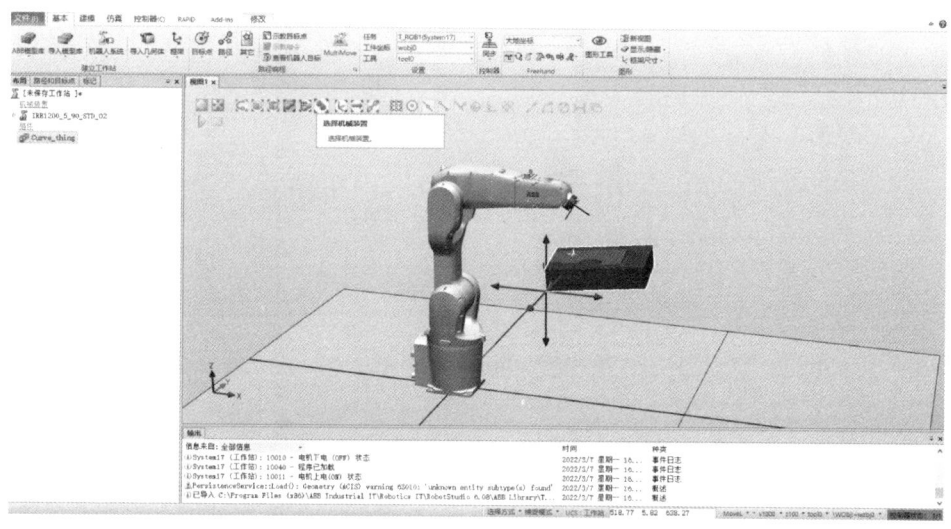

图 4-30 创建工件坐标系

创建工件坐标系:基本→其他→创建工件坐标,用三点法确定坐标系后点击"Accept",最后点击"创建",工件上会出现一个坐标系,如图4-31、图4-32、图4-33所示。

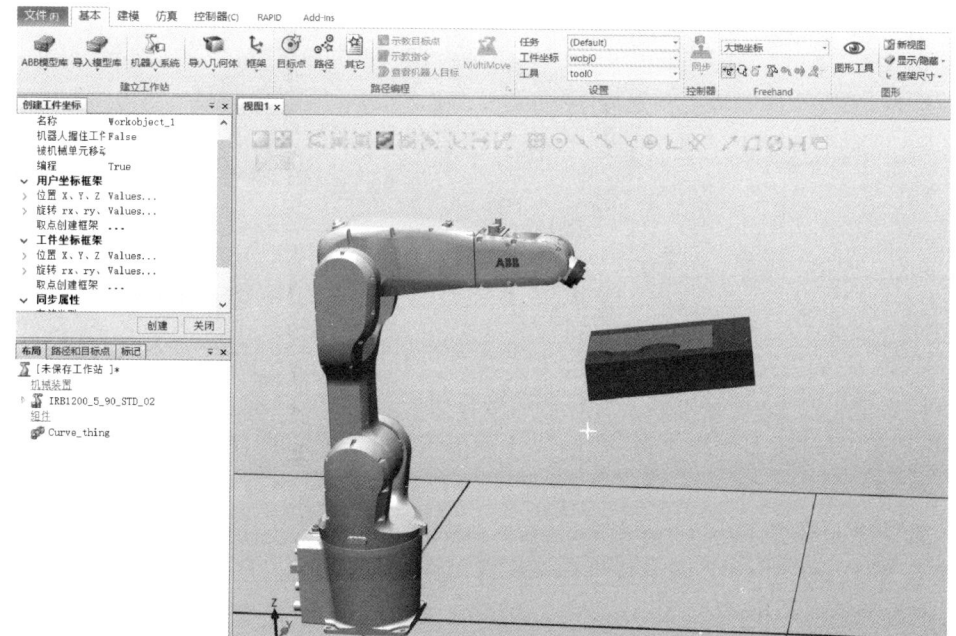

图 4-31 创建坐标系(1)

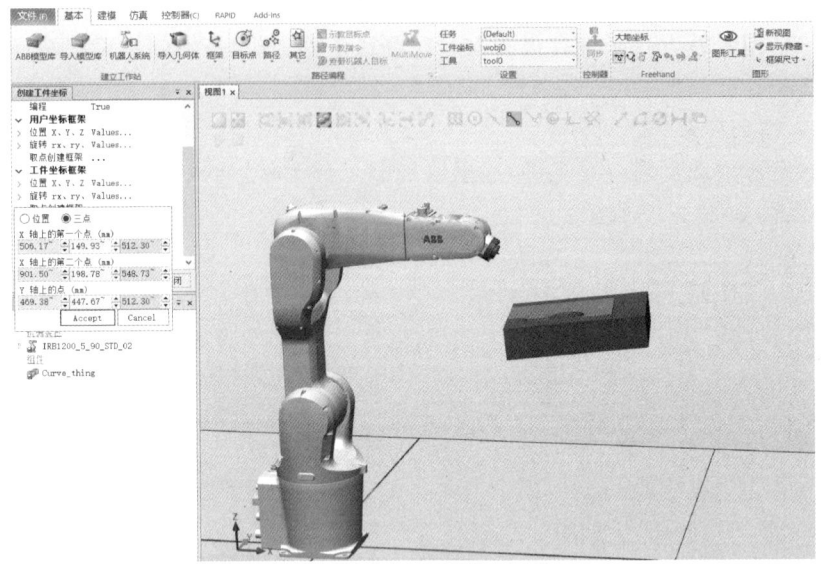

图 4-32　创建坐标系(2)

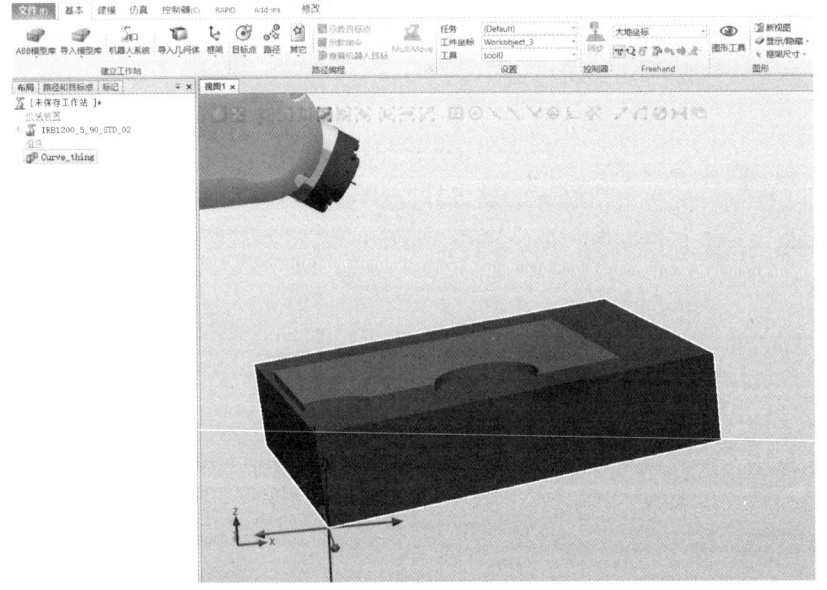

图 4-33　创建坐标系(3)

现对"创建工件坐标"对话框下的各选项进行说明。

"Misc"数据中"机器人握住工件"选项:"False"为机器人不握住工件;"True"则为机器人握住工件。

"被机械单元移动"选项:"编程"为"True"表明工件坐标系用作固定坐标系;只有在"编程"被设置为"False"时,才表明工件坐标系可以用作移动坐标系。

"工件坐标框架"中"位置 X、Y、Z"与"旋转 rx、ry、rz"选项:直接输入坐标的位置以及旋转角度来确定工件坐标系。

"取点创建框架"选项:通过自主取点的方式来确定工件坐标系的位置。

使用三点法确定坐标系时,三点的位置顺序决定了工件坐标系的位置和姿态,"第 1 点"为 X 轴上的第一个点,"第 2 点"为 X 轴上的第二个点,通过这两点可以确定 X 轴的正方向;"第 3 点"为 Y 轴上的点,通过该点可以确定 Y 轴的正方向。由于 X 轴和 Y 轴正交于"第 1 点",故"第 1 点"便是工件坐标系的原点。

2. 创建运动路径目标点

创建工件坐标系后,加载工具"MyTool",将其安装到机器人的六轴法兰盘上,弹出"是否希望更新 MyTool 的位置?"点击"是",如图 4-34 所示。

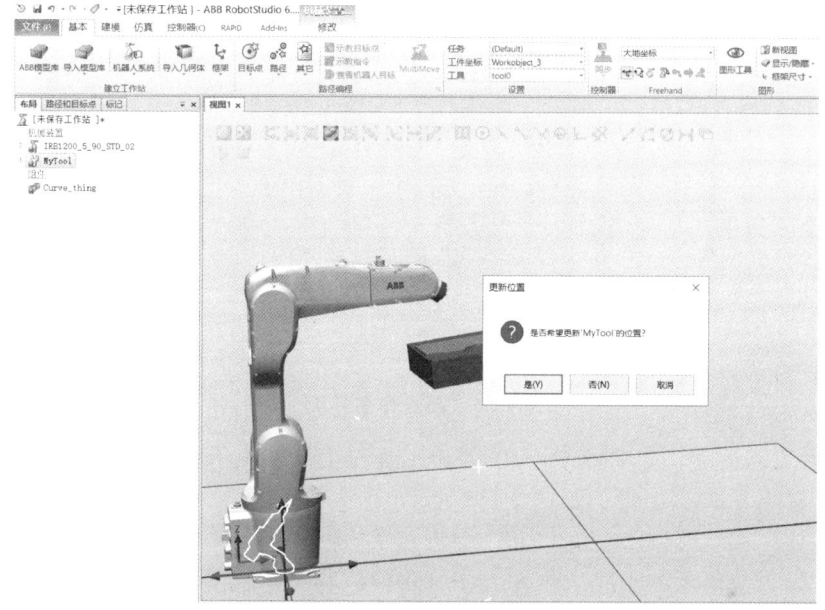

图 4-34　加载工具界面

更改模板中指令的各参数,使其满足运动路径程序的要求,点击"基本"中"路径"的下拉菜单"空路径",在工作站左侧的"路径和目标点"中出现新建的空路径"Path_10",可以将其重新命名,如图 4-35 所示。

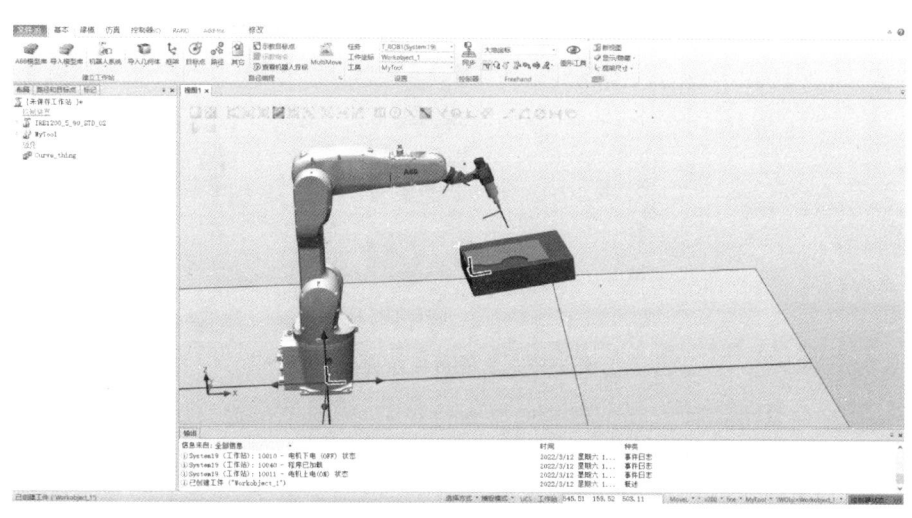

图 4-35　更改参数界面

点击激活"Freedhand"中的"手动线性",选择合适的"捕捉末端",点击"路径编程"中的"示教目标点",记录机器人原点位置,并在工件坐标系下将新建的"Target_10"点重新命名为"home",以此作为程序起始点和结束点,如图4-36所示。

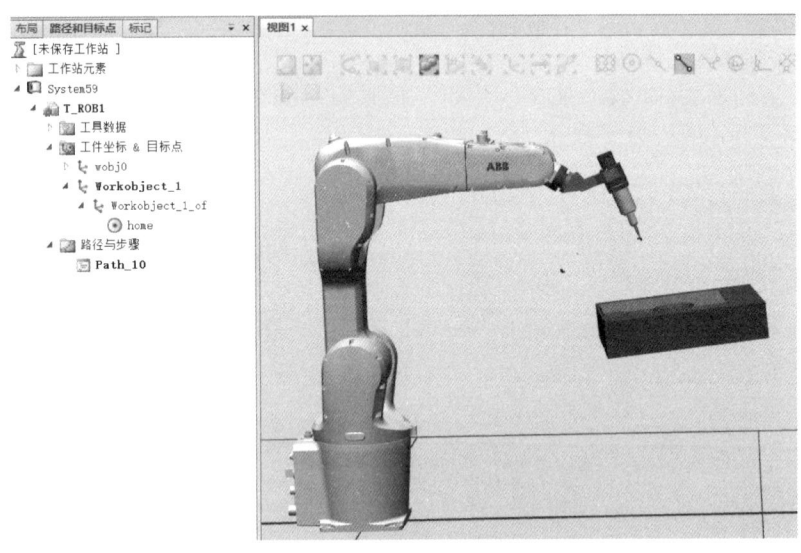

图 4-36　新点命名界面

在机器人实际运动轨迹编程中,为了防止工具与工件发生干涉,靠近和离开工件时速度应较慢,故从点"home"到工件的第一个目标点间需要添加一个"接近点"作为过渡。将机器人工具拖动到第一个目标点,点击"布局"中机器人,在右键弹出菜单中选择"机械装置手动线性",将"Z"轴参数增加200 mm,机器人工具将在第一个目标点处上升200 mm,点击"示教目标点",记录该点位置信息,作为"接近点",如图4-37所示。

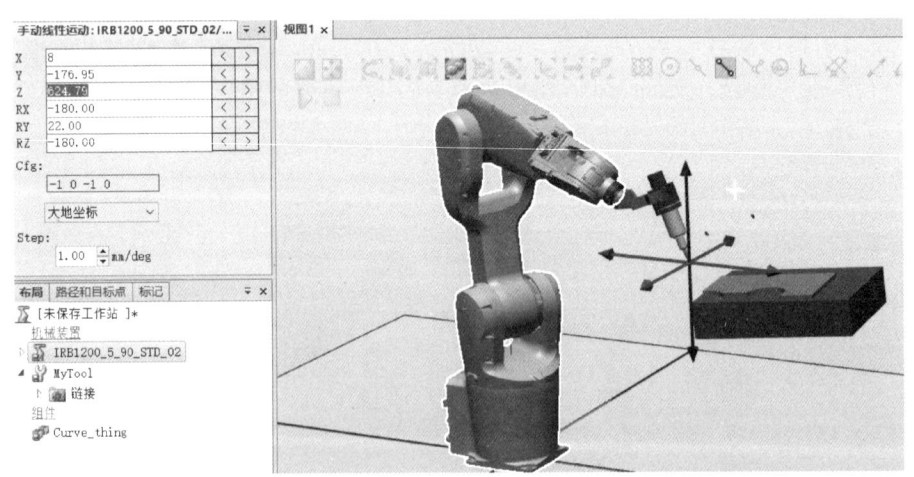

图 4-37　示教目标点界面

接着按照逆时针方向依次对工件的四个角进行示教,记录位置信息,如图4-38所示。

3. 创建工业机器人运动路径

将工件坐标系中的目标点全选,单击鼠标右键,在弹出窗口中点击添加到路径"Path_10"中,路径中的程序参数都基于之前设置好的指令参数,如图4-39、图4-40所示。

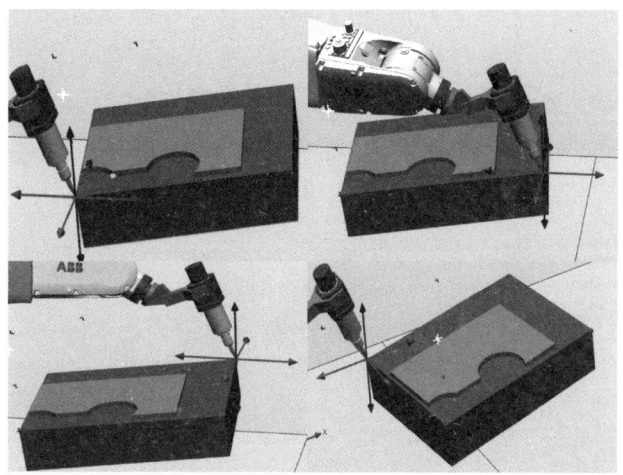

图 4-38　工件四个角示教界面

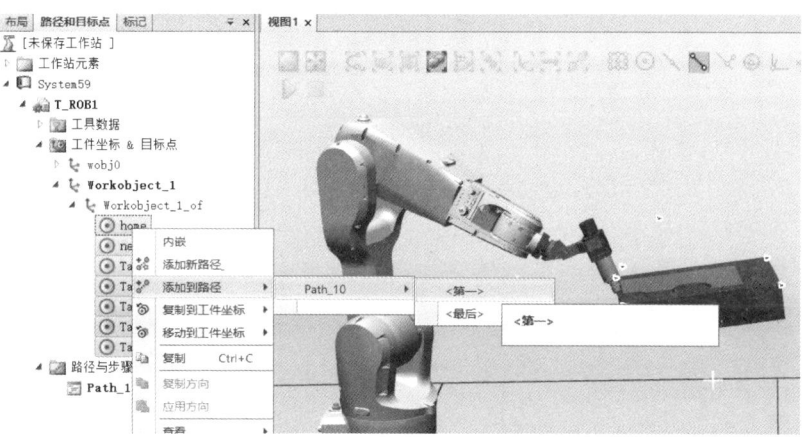

图 4-39　运动路径创建(1)

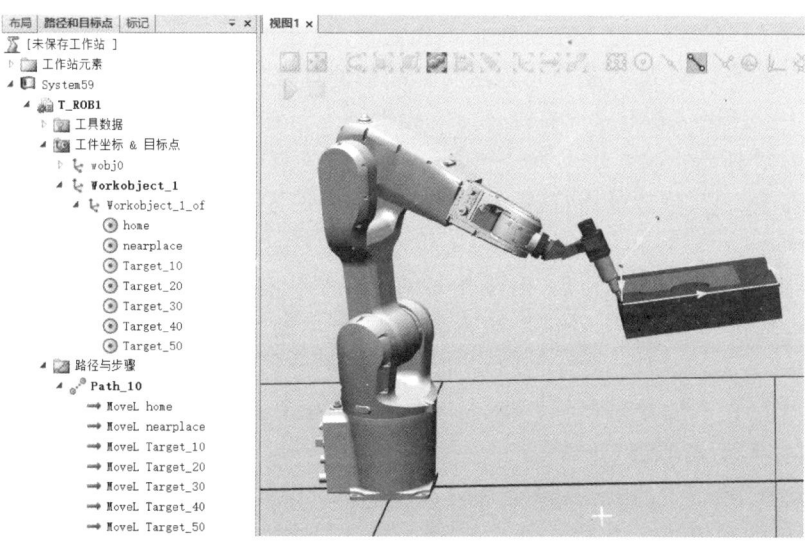

图 4-40　运动路径创建(2)

现在的路径还不是一个完整的路径,最后回"home"点也需要一个过渡点——"离去点"。在本任务中,"离去点"和"接近点"实质上是一个点,因此只需要将"接近点"复制并粘贴即可。选中"Path_10",单击鼠标右键,选择"配置参数"→"自动配置",如图 4-41 所示。

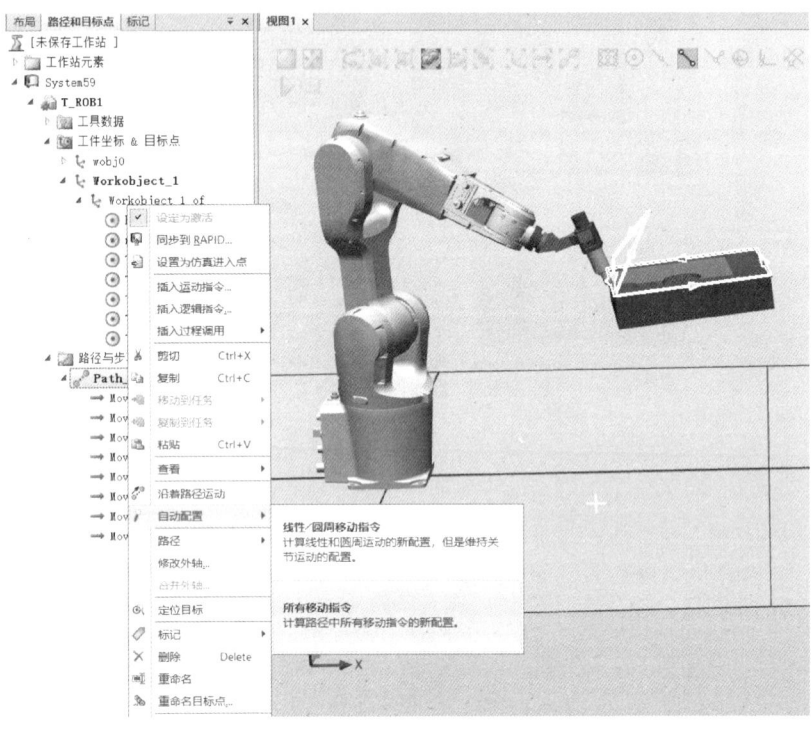

图 4-41 配置参数界面

4. 调试工业机器人运动程序

采用示教方式创建机器人运动程序时,容易出现机器人轴配置错误,也就是机器人不能跳转到指定的程序目标点,这是因为机器人轴位置达到了极限。为了避免轴位置限位情况的发生,同时增强运动轨迹的连贯性,可以对一些程序设置转弯半径。对于路径要求不高的情况,还可以将"MoveL"指令改为"MoveJ"指令,"MoveJ"指令可以避免运动轴位置限位情况的发生。

搬运仿真

选中第一条指令,单击鼠标右键,选择"编辑指令",对"动作类型"速度、转弯半径等进行更改,如图 4-42 所示。

选中"Path_10",单击鼠标右键,选择"沿着路径运动",检查路径程序是否能正常运行,如图 4-43 所示。

在确定路径能够正常运行后,对工作站的程序生成自动运行模式。选中"Path_10",单击鼠标右键,选择"同步到 RAPID",弹出图 4-44 所示的窗口,勾选全部方框数据,点击"确定"进行同步。

再选中"Path_10",单击鼠标右键,选择"设置为仿真进入点","Path_10"变为"Path_10(进入点)",如图 4-45 所示。

选择"仿真"菜单中的"仿真设定",勾选"offline"和机器人"T-ROB1",选择"Path_10",这是另一种设置仿真进入点的方法。在"运行模式"中点击"连续",机器人将沿着路径循环运行,单击"关闭"。

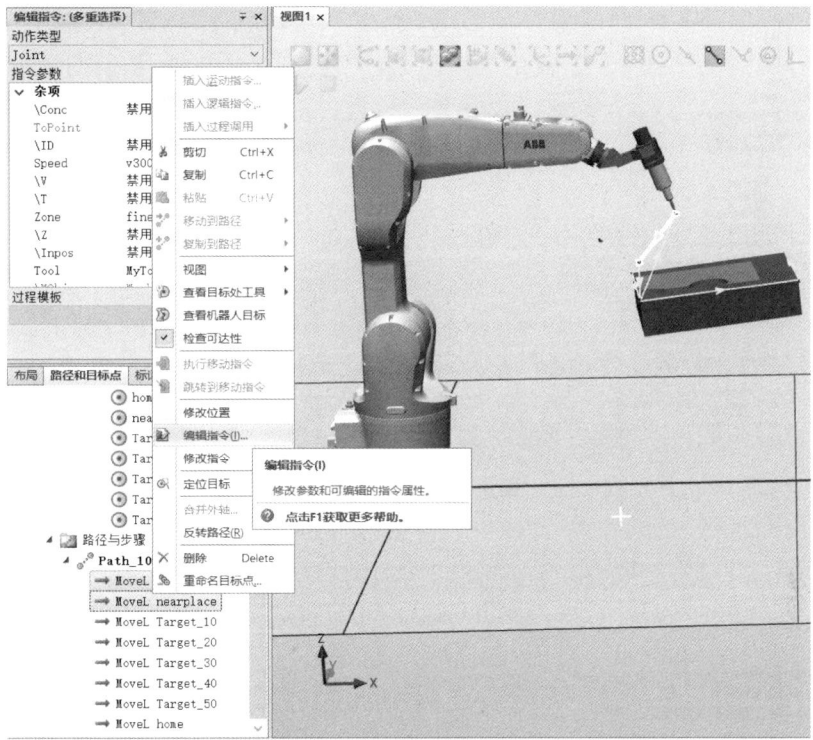

图 4-42　更改参数界面

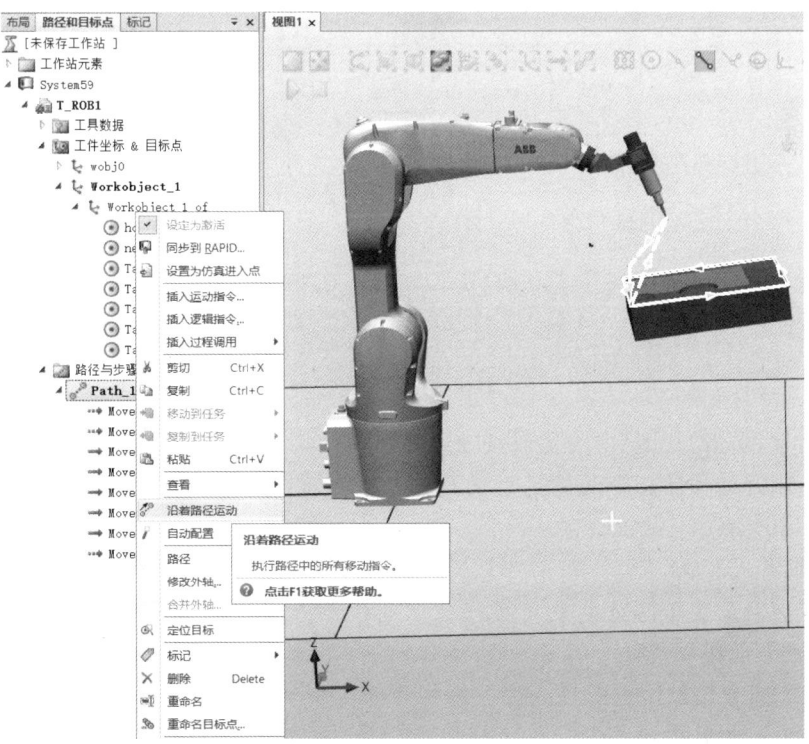

图 4-43　检测路径界面

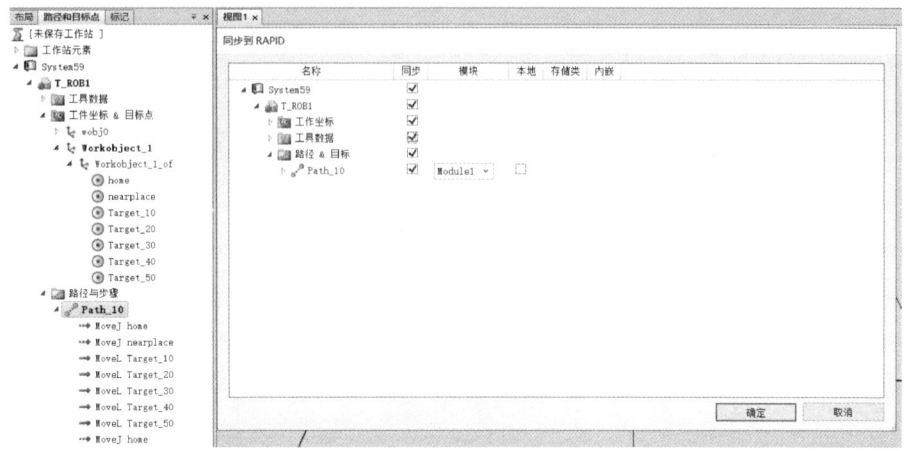

图 4-44　同步设置界面

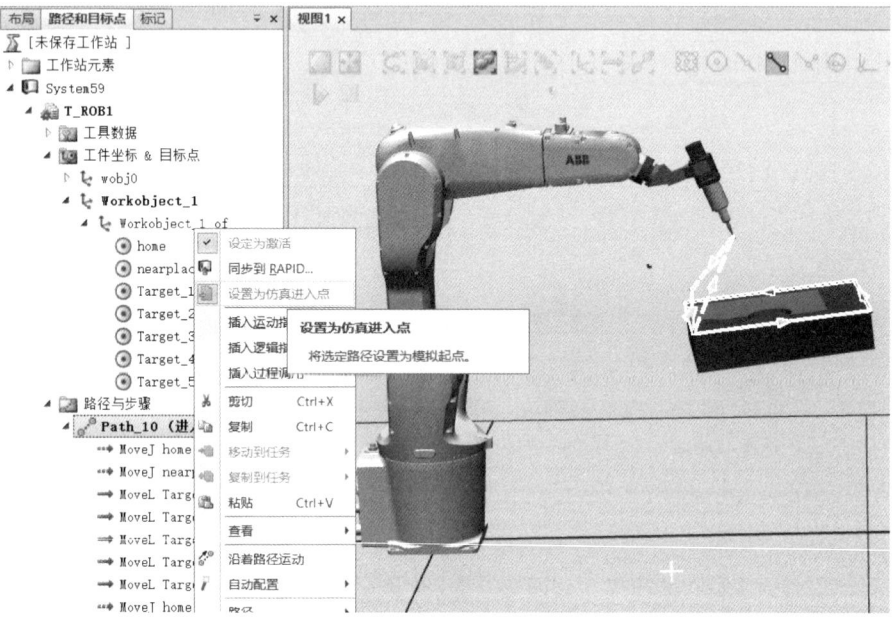

图 4-45　仿真点设置界面

设定结束，单击"视图"中的播放按钮或者"仿真"菜单中的"播放"按钮，工作站内的机器人将按照编制好的程序指令开始运动仿真，"仿真"按钮处于闪烁状态，点击"停止"，仿真结束，如图 4-46 所示。

5. 任务实施步骤

为完成在制造装备博览会上对客户就工业机器人离线编程及仿真进行演示的工作任务，需完成以下工作：

（1）熟悉需介绍的工业机器人离线编程软件；

（2）熟悉工业机器人离线仿真过程；

（3）给客户演示工业机器人离线编程与仿真过程；

（4）对与客户交流沟通过程进行记录并整理相关资料文档；

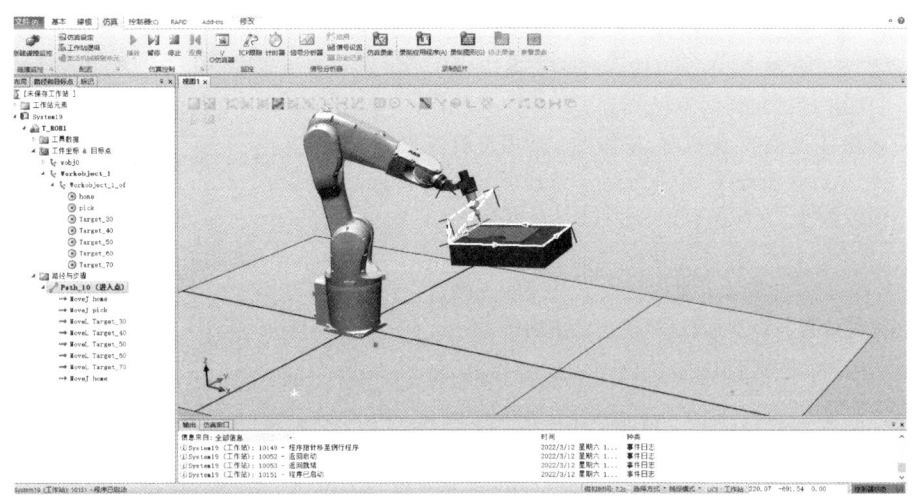

图 4-46　仿真界面

（5）填写任务工单。

任务工单如表 4-7 所示。

表 4-7　工业机器人离线编程与仿真实施任务工单

姓名		学号		地点
班级		时间		
工业机器人离线编程与仿真实施任务工单				
序号	主要工作内容	完成情况		备注
1	熟悉需介绍的工业机器人离线编程软件			
2	熟悉工业机器人离线编程与仿真过程			
3	给客户演示工业机器人离线编程与仿真过程			
4	对与客户交流沟通过程进行记录并整理相关资料文档			
教师评分：			教师签名：	

考核评价

完成该任务后，应全面熟悉工业机器人离线编程与仿真软件的操作方法，能给客户演示工业机器人离线编程与仿真过程。请根据表 4-8 对照检查是否掌握了该任务实施过程中所需的知识点与技能点，是否具备了相关职业素养。

任务考核评价包括学生自评、学生互评、教师评价等三个维度。

表 4-8　考核与评价表

序号	评分点	评分标准	不同评价维度得分		分项得分
1	能正确操作工业机器人离线编程与仿真软件（20 分）	操作正确得 20 分，操作基本正确得 12 分，操作不正确不得分	学生自评		
			学生互评		
			教师评价		

续表

序号	评分点	评分标准	不同评价维度得分		分项得分
2	能正确运用离线编程与仿真软件设置工业机器人系统,生成控制程序,并进行运动仿真(20分)	运用正确得20分,运用基本正确得12分,运用错误不得分	学生自评		
			学生互评		
			教师评价		
3	能给客户演示工业机器人离线编程与仿真过程(30分)	演示正确得30分,演示基本正确得18分,演示错误不得分	学生自评		
			学生互评		
			教师评价		
4	能正确填写任务工单(10分)	填写正确得10分,填写基本正确得6分,填写不正确,每项扣2分,扣完为止	学生自评		
			学生互评		
			教师评价		
5	体现良好的职业素养(20分)	与客户交流中体现良好的职业素养,包括穿着、言谈举止、敬业精神、团队意识等方面。根据以上评分点扣分,每违反一项扣5分,扣完为止	学生自评		
			学生互评		
			教师评价		

总评得分:

教师签名:　　　　　　学生 A 签名:　　　　　　学生 B 签名:

考核评价时间:

注:分项得分=学生自评×20%+学生互评×30%+教师评价×50%。

课 后 练 习

一、填空题

1. 旋转工作站需要同时按下(　　　)、(　　　)加鼠标(　　　)键,拖动鼠标。

2. 平移工作站时,需要在按(　　　)键和鼠标(　　　)键的同时,拖动鼠标。

3. 显示机器人工作范围时,既可以显示机器人腕节的工作范围,也可以显示(　　　)的工作范围。

4. 除了提供 2D 轮廓显示外,仿真软件还提供(　　　)显示模式。

5. 布局机器人周边物品时,应以(　　　)显示的工作范围较为合理。

二、判断题

1. 离线编程需要在计算机上编程再传输给机器人,现场编程就是在机器人上直接编程,所以离线编程的效率没有在线编程的高。　　　　　　(　　　)

2. 示教编程指在机器人实物的示教器上编程。　　　　　　(　　　)

3. 利用 RobotStudio 可以在线编程也可以离线编程。　　　　　　(　　　)

4. 机器人腕节和当前工具的工作范围可以同时显示。　　　　　　(　　　)

5. MoveJ p2,v100,fine,grip1\WObj:=wobj0。该运动指令表示:工具 tool0 运动速度是 100 mm。　　　　　　(　　　)

三、简答题

1. 简述工业机器人离线编程的步骤。
2. 离线编程的优势有哪些？

微信扫码测试

思 政 园 地

最初的机器人语言

20 世纪 60 年代,麻省理工学院人工智能实验室计算机科学家约瑟夫·维森鲍姆(Joseph Weizenbaum)开发了历史上第一个聊天机器人——伊莉莎。伊莉莎的名字源于爱尔兰剧作家萧伯纳的戏剧作品《卖花女》中的角色,伊莉莎从一个"满嘴土话的家伙"变成大使馆舞会上人人艳羡的"匈牙利王家公主"。作为世界上第一个聊天机器人,伊莉莎被其发明者赋予了充满戏剧性的内涵。

尽管在当时已经存在一些基本的数字语言生成器(可以输出一些文本连贯的程序),但伊莉莎是第一个明确设计用于与人互动的程序。用户可以使用打字机输入人类的自然语言,并获得机器的响应。正如维森鲍姆解释的那样,伊莉莎使"人与计算机之间的对话成为可能"。

为了鼓励用户与伊莉莎对话,维森鲍姆使用"狡猾策略"为伊莉莎设计了一种模拟罗杰式心理医生对话(一种以人为本的心理咨询)的风格。该程序将接收用户所说的内容,并以一个问题为回应,如下面的示例所示。(注意该程序是如何接收"男朋友"和"沮丧"之类的关键字并重新使用它们的。)

人:男人都是一样的。

伊莉莎:怎么说?

人:他们总是在一些事情上困扰我们。

伊莉莎:您可以举一个具体示例吗?

人:好吧,我的男朋友让我来了这里。

伊莉莎:您的男朋友让您来了这里?

人:他说我很多时候都很沮丧。

伊莉莎:很抱歉听到您感到沮丧。

人:是的,我不开心。

伊莉莎的这种对话方式,给人的印象就是计算机可以理解用户所讲的内容,而不必为对话提供任何新的补充。事实上,维森鲍姆仅用 200 行代码就实现了这一过程,使伊莉莎能够让人产生被机器聆听、理解的错觉。

为了测试伊莉莎与对话者互动的能力,维森鲍姆邀请学生和同事进入他的办公室,并让他们在他的观察下与机器聊天。他有些担忧地注意到,在与伊莉莎进行短暂互动期间,许多测试者竟开始对该程序产生情感上的依恋。他们会向机器敞开心扉,坦承他们在生活和人际关系中面临的问题。

　　更令人惊讶的是,甚至在维森鲍姆向他们介绍了伊莉莎的工作原理,并解释它并不真正理解用户所说的任何内容之后,测试者对伊莉莎的这种亲密感仍然存在。尤其是维森鲍姆的助手,尽管她看过该程序从零开始构建的全过程,但在测试时,这位助手仍然坚持要维森鲍姆离开房间,以便她可以与伊莉莎私下交谈。

　　通过伊莉莎的实验,维森鲍姆开始质疑阿兰·图灵(Alan Turing)在1950年提出的关于人工智能的想法。图灵在他的题为"伊莉莎计算机械与智能伊莉莎"的论文中提出,如果一台计算机可以通过文本与人类进行令人信服的对话,则可以认为它是智能的。这一思想也就是著名的图灵测试的基础。

　　但是伊莉莎的测试证明,即使人机之间的理解只从人类这一侧产生,人机之间也可以进行令人信服的对话。也就是说,对人类智能的模拟(而不是智能本身)足以使人蒙昧。维森鲍姆称这种现象为"伊莉莎效应",并认为这是数字时代人类共同遭受的一种"妄想"。这一见解对维森鲍姆来说是一次深刻的冲击,并直接影响了他在未来十年里所做研究的思想轨迹。

　　1976年,维森鲍姆发表了《计算能力与人为原因:从判断到计算》,该书对人们为何愿意相信"一台简单的机器也许能够理解复杂的人类情感"进行了深刻的剖析。

　　他在这本书中认为,"伊莉莎效应"代表着一种困扰现代人的广泛病理学。在一个被科学技术和资本主义所占领的世界中,人们已经习惯将自己看作一台大型且冷漠的社会机器中一枚孤立的齿轮。维森鲍姆认为,正是由于当前的社会环境日渐冷漠,人们才变得如此绝望,以至于抛弃应有的理性和判断力,转而去相信一个机器程序可以聆听他们的心声。

　　维森鲍姆余生都在致力于对人工智能和计算机技术的人文主义批评。他的任务是提醒人们,机器并不像通常所说的那样聪明,"即使有时好像他们会说话,但他们从未真正聆听过你,它们只是机器。"

　　如今5G时代已经来临,人们对计算机、手机、平板等智能终端的依赖程度已远超维森鲍姆年代,"伊莉莎效应"正深刻地影响着这一代人。我们需要更多的反思与聆听来增加社会环境的温度。

项目五 工业机器人典型应用认知

项目情景

某公司为推广企业最新研发产品,展示企业技术服务能力,培养新人,拓展市场,拟组织专业团队参加各地的工业机器人展销会,需要你作为企业技术员在展销会期间对客户就公司研发的工业机器人的典型应用进行介绍,主要内容是焊接机器人、喷涂机器人、装配机器人、搬运机器人的特点分类和系统构成,以及周边设备与工位布局等内容,就客户实际应用场合给出具体的设计方案。

任务一 焊接机器人认知

任务目标

1. 了解焊接机器人特点与分类。
2. 了解焊接机器人集成系统组成。
3. 熟悉焊接机器人的周边设备及选型。
4. 熟悉焊接机器人集成系统工艺布局。
5. 能就客户实际应用场合给出具体的焊接机器人集成系统设计方案。

任务描述

某机器人公司参加国内智能装备博览会,你作为公司派驻的现场工程师,就公司生产的焊接机器人集成系统向参会客户介绍,并给出具体的设计方案,使客户更好地了解公司产品,便于产品推广。

知识准备

一、工业机器人应用概述

目前来讲,工业应用类的机器人是相对比较成熟的。在工业应用中,工业机器人是一种类似于人手臂的机械装置,结合了人手臂与机器的特点,代替工人进行劳动。本文将介绍工业机器人应用的相关内容。

工业机器人是一种自动化机械装置,可以模拟人手和手臂的部分动作,按照提前设定的程序和运动轨迹等要求,实现抓取工件、搬运工件或者操纵工具等任务。它是一种典型的机电一体化产品,发展前景十分广阔,将在实现智能化、多功能化、柔性化以及自动化生产中发挥着重要作用。

工业机器人前期被应用于汽车制造业,如今,常常应用于喷漆、焊接、搬运以及上下料等工作。它可以代替人类进行危险、有毒、有害、低温以及高温等恶劣环境中的工作,能够完成繁重且单调的劳动,提高劳动效率,保证产品质量。工业机器人在工业中的应用主要体现在以下几个方面:

1. 涂装方面的应用

喷漆是产品制造的一个关键步骤,关系到产品的质量外观,也是产品价值的重要构成要素。进行喷漆的场所通常环境比较恶劣,油漆中的挥发物和粉尘等会严重影响工人的身体健康,同时,人工喷漆在喷漆质量和效率等方面也不令人满意。喷漆机器人是一种工业机器人,可以实现自动喷漆或者喷涂其他涂料,按照轨迹进行准确喷涂,不会产生任何偏差,并且可完美地控制喷漆枪的启动。

2. 焊接方面的应用

焊接指通过加热或者加压的方式将金属或者其他材料组合起来的制造工艺,是工业中主要的生产方式。焊接场所的环境十分恶劣,焊接工作中会产生强弧光、高温、烟尘以及电磁干扰等对人体有害的因素;甚至还会造成烧伤、触电、眼睛损伤、吸入有毒气体、紫外线过度辐射等严重危害。在这种情况下,采用焊接机器人,不仅可以避免人员受到伤害,而且能实现连续工作,提升工作效率,改善焊接的质量。所以,焊接领域是较为适合应用工业机器人的,实际上也是工业机器人应用较为广泛的领域。

3. 搬运方面的应用

随着计算机集成制造技术和自动仓储技术的不断发展,搬运机器人在工业中的应用越发广泛。搬运机器人可以自动进行搬运工作,其手臂末端可以安装各种不同的执行器,以搬运各种不同形状和状态的物体,有效减轻了人类繁重的体力劳动。搬运机器人的优点是可以通过编写程序来完成各种预想的工作,在自身的结构和性能上分别有人和机器的优势,尤其体现出了人工智能和适应能力。

4. 上下料方面的应用

工业机器人可以应用于机床加工上下料方面,上下料机器人主要实现机床加工过程的全自动化,并且采用集成加工技术,以实现对盘类、轴类以及板类等工件的自动上料、下料、翻转等工作,这本质上还是属于搬运。这种上下料机器人不是依靠机床的控制器来控制的,而是采用独立的控制模块来控制,不会影响机床的运行,还可以满足不同种类产品的生产要求。

工业机器人与机床的结合,不仅提高了自动化生产水平,还提升了工厂的生产率与竞争力。机械加工上下料需要重复持续进行工作,并且要求工作具有一致性和准确性,而由员工来进行上下料没有办法进行持续不断的工作,其一致性和准确性相对来说也会差一些,所以使用上下料机器人来代替人工进行工作是十分可行的,既能提高工作效率,又能稳定产品质量,并且能大大降低人员的劳动强度。

工业机器人已经被广泛应用于汽车、机械加工、电子电器、橡胶以及塑料等工业领域,可以代替人们进行危险、有毒、有害、低温以及高温等恶劣环境中的工作。

二、焊接机器人的概念与主要优点

焊接机器人是执行焊接操作的工业机器人,是应用最广泛的一类工业机器人,在各国机器人应用中占总数的 $40\%\sim60\%$。我国目前每年新增近 5 万台焊接机器人用于实际生产。采用机器人进行焊接是焊接目前的革命性进

焊接机器人

步,它突破了传统的焊接刚性自动化方式的局限,开拓了一种柔性自动化新方式。焊接机器人分弧焊机器人和点焊机器人两大类,本体结构基本上是六轴串联机器人。点焊机器人是使用比较广泛的机器人。弧焊机器人广泛用于建筑机械和钢架的焊接。

焊接机器人的主要优点如下。

(1) 易于实现稳定的焊接质量,并可提高焊接质量,保证其均一性。

(2) 可提高生产率,一天可 24 h 连续生产。

(3) 可改善工人劳动条件,可在有害环境下长期工作。

(4) 可降低对工人操作技术难度的要求。

(5) 可缩短产品改型换代的准备周期,减少相应的设备投资。

(6) 可实现批量产品焊接自动化。

(7) 为焊接柔性生产线提供技术基础。

三、焊接机器人的组成及特点

1. 弧焊机器人

一个完整的工业机器人弧焊系统由机器人系统、焊枪、弧焊电源、送丝装置、焊接变位机等组成。两个独立的弧焊机器人可以独立工作也可以互相协作共同完成作业任务。

1) 弧焊机器人系统

目前,我国应用的焊接机器人主要有欧美系、日系和国产三种类型。日系中主要包括OTC、Panasonic、FANUC、NACHI、Kawasaki 等公司的机器人产品;欧美系中主要包括德国的 KUKA、CLOOS,瑞典的 ABB,美国的 Adept,意大利的 COMAU 及奥地利的 ICM 公司的机器人产品;国产机器人生产企业中的广州数控、沈阳新松和安徽埃夫特是中国三大工业机器人制造商,也是国产机器人生产企业的第一梯队。

ABB 公司生产的 IRB1410 型工业机器人在机器人第六轴上安装有焊枪,并且定义焊枪导电嘴为机器人移动的工具中心点,工具中心点可到达机器人工作半径内的任何位置。机器人有 3 种运动方式:各轴单独运动、工具中心点直线运动、机器人姿态运动(工具中心点位置不变,机器人各轴围绕工具中心点转动)。IRB1410 型机器人手腕荷重 5 kg,上臂提供 18 kg 附加荷重,重复定位精度为 0.05 mm,作业半径为 1440 mm。其主要特点有:坚固且耐用,噪声水平低,例行维护间隔时间长,使用寿命长;稳定可靠,控制水平卓越,水平和循径精度高(+0.05 mm),可确保出色的工作质量;工作范围大,到达距离长(最长 1.44 m);工作周期较短,本体坚固,配备快速精确的 IRC5 控制器,可有效缩短工作周期,提高生产率;机器人手臂上集成了送丝机构,配合 IRC5 使用的弧焊功能以及单点编程示教器,适合弧焊的应用。IRB1410 型工业机器人的结构尺寸如图 5-1 所示。

2) 弧焊电源

弧焊电源是用来为焊接电弧提供电能的一种专用设备。弧焊电源的负载是电弧,它必须具有弧焊工艺所要求的电气性能,如合适的空载电压、一定的外特性、良好的动态特性和灵活的调节特性等。

弧焊电源有各种分类方法。按输出的电流分,有直流、交流和脉冲三类;按输出外特性分,有恒流特性、恒压特性和介于这两者之间的缓降特性三类。

弧焊电源包括弧焊变压器式交流弧焊电源、矩形波式交流弧焊电源、直流弧焊发电机式直流弧焊电源、整流器式直流弧焊电源和脉冲型弧焊电源。

弧焊变压器式交流弧焊电源特点:将网路电压的交流电变成适用于弧焊的低压交流电,

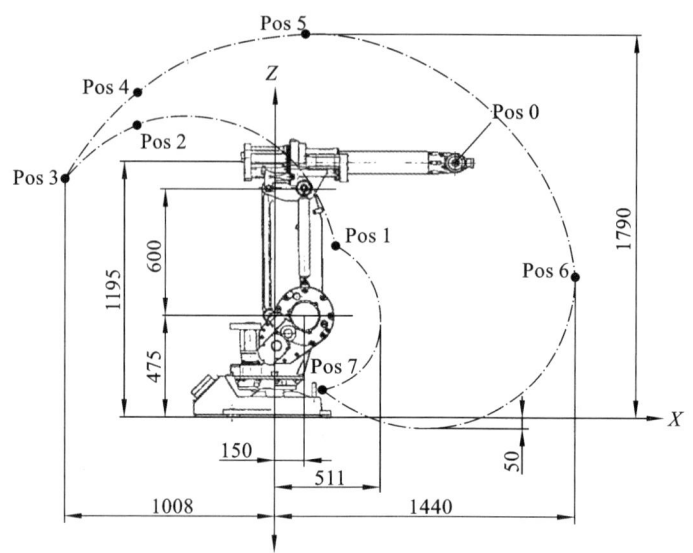

图 5-1 IRB1410 型工业机器人结构尺寸及工作范围

结构简单,易造易修,耐用,成本低,磁偏吹小,空载损耗小,噪声小,但其电流波形为正弦波,电弧稳定性较差,功率因数低。适用范围:酸性焊条电弧焊、埋弧焊和 TIG 焊。

矩形波式交流弧焊电源特点:网路电压经降压后运用半导体控制技术获得矩形波的交流电,电流过零点极快,其电弧稳定性好,可调节参数多,功率因数高,但设备较复杂、成本较高。适用范围:碱性焊条电弧焊、埋弧焊和 TIG 焊。

直流弧焊发电机式直流弧焊电源特点:由柴(汽)油发动机驱动发电而获得直流电,输出电流脉动小,过载能力强,但空载损耗大,效率低,噪声大。适用范围:适用于各种弧焊。

整流器式直流弧焊电源特点:将网路交流电经降压和整流后获得直流电,与直流弧焊发电机式电源相比,其制造方便,省材料,空载损耗小,节能,噪声小,由电子控制的近代弧焊整流器的控制与调节灵活方便,适应性强,技术和经济指标高。适用范围:适用于各种弧焊。

脉冲型弧焊电源特点:输出幅值大小周期性变化的电流,效率高,可调参数多,调节范围宽而均匀,热输入可精确控制,设备较复杂,成本高。适用范围:TIG、MIG、MAG 焊和等离子弧焊。

3) 焊枪

焊枪可用来进行手工操作(半自动焊)和自动焊(安装在机器人等自动装置上)。这些焊枪包括用于大电流、高生产率的重型焊枪和适用于小电流、全位置焊的轻型焊枪。

熔化极气体保护焊的焊枪可以分为水冷或气冷及鹅颈式或手枪式,这些形式的焊枪既可以制成重型焊枪,也可以制成轻型焊枪。熔化极气体保护焊用焊枪的基本组成有导电嘴、气体保护喷嘴、送丝导管和焊接电缆等。焊枪结构如图 5-2 所示。

在焊接过程中,由于焊接电流通过导电嘴时将产生电阻热和电弧的辐射热的作用,使焊枪发热,因此常常需要水冷。气冷焊枪在 CO_2 焊时,断续负载下,一般可使用高达 600 A 的电流。但是,在使用氩气或氮气保护焊时,通常只限于使用 200 A 电流,超过上述电流时,应该采用水冷焊枪。半自动焊枪通常有两种形式:鹅颈式和手枪式。鹅颈式焊枪应用最广泛,它适用于细焊丝,使用灵活方便,可达性好。而手枪式焊枪适用于较粗的焊丝,它常常采用水冷。自动焊焊枪的基本构造与半自动焊焊枪相同,但其载流容量大,工作时间长,一般都

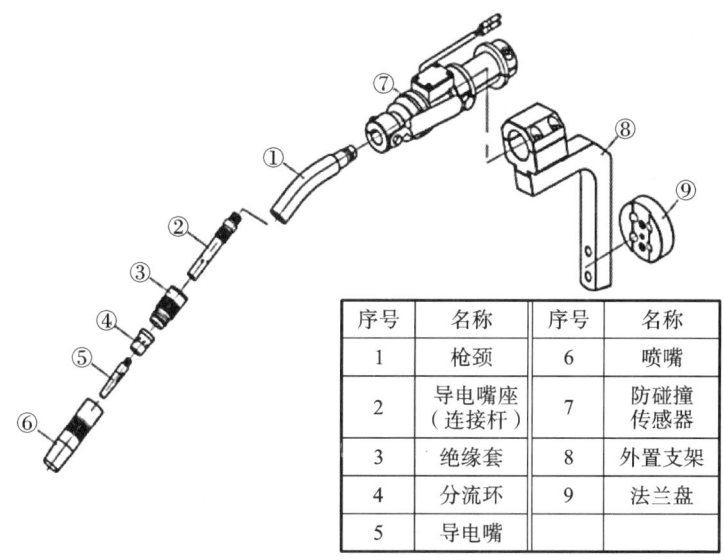

序号	名称	序号	名称
1	枪颈	6	喷嘴
2	导电嘴座（连接杆）	7	防碰撞传感器
3	绝缘套	8	外置支架
4	分流环	9	法兰盘
5	导电嘴		

图 5-2　焊枪结构示意图

采用水冷。

导电嘴由铜或铜合金制成，其外形如图 5-2 所示。因为焊丝是连续送给的，因此焊枪必须有一个滑动的电接触管（一般称导电嘴），由它将电流传给焊丝。导电嘴通过电缆与焊接电源相连，导电嘴的内表面应光滑，以利于焊丝送给和良好导电。

一般导电嘴的内孔应比焊丝直径大 0.13～0.25 mm，对于铝焊丝应更大些。导电嘴必须牢固地固定在焊枪本体上，并使其定位于喷嘴中心。导电嘴与喷嘴之间的相对位置取决于熔滴过渡形式。对于短路过渡，导电嘴常常伸到喷嘴之外；而对于喷射过渡，导电嘴应缩到喷嘴内，最多可以缩进 3 mm。

焊接时应定期检查导电嘴，如发现导电嘴内孔因磨损而变长或由于飞溅而堵塞就应立即更换。为便于更换导电嘴，导电嘴常采用螺纹连接。磨损的导电嘴将破坏电弧稳定性。

喷嘴应使保护气体平稳地流出，并覆盖在焊接区。其目的是防止焊丝端头、电弧空间和熔池金属受到空气污染。根据应用情况可选择不同尺寸的喷嘴，一般直径为 10～22 mm。焊接电流较大时，会产生较大的熔池，则用大喷嘴。而小电流和短路过渡焊时用小喷嘴。对于电弧点焊，喷枪喷嘴应开出沟槽，以便气体流出。

焊枪的种类很多，应根据焊接工艺的不同，选择相应的焊枪。机器人弧焊工作站采用的是熔化极气体保护焊。

4）送丝机构

弧焊机器人配备的送丝机构包括送丝机、送丝软管和焊枪三部分。弧焊机器人的送丝稳定性是关系到焊接能否连续稳定进行的重要因素。

（1）送丝机按安装方式分为一体式和分离式两种。将送丝机安装在机器人的上臂的后面与机器人组成一体的为一体式。将送丝机与机器人分开安装的为分离式。

目前弧焊机器人采用一体式安装方式的已经越来越多，但要在焊接过程中更换焊枪的机器人必须采用分离式送丝机。

（2）送丝机按滚轮数分为一对滚轮和两对滚轮两种。送丝机的结构有一对滚轮的，也有两对滚轮的；有只用一个电动机驱动一对或两对滚轮的，也有用两个电动机分别驱动两对滚轮的。

从送丝力来看,两对滚轮的送丝力比一对滚轮的大些。当采用药芯焊丝时,由于药芯焊丝比较软,滚轮的压紧力不能像用实心焊丝时那么大,为了保证有足够的送丝力,选用两对滚轮的送丝机会有更好的效果。

(3)送丝机按控制方式分为开环和闭环两种。目前,大部分送丝机采用开环的控制方法,也有一些采用装有光电传感器(或编码器)的伺服电动机,使送丝速度实现闭环控制,不受网路电压或送丝阻力波动的影响,保证送丝速度的稳定性。

(4)送丝机按送丝动力方向分为推丝式、拉丝式和推拉丝式三种。

推丝式主要用于直径为 0.8~2.0 mm 的焊丝,它是应用最广的一种送丝方式。其特点是焊枪轻便且易于操作,但焊丝需要经过较长的送丝软管才能进入焊枪,焊丝在软管中受到较大的阻力,影响送丝稳定性,软管长度一般为 3~5 m。

拉丝式主要用于细焊丝(焊丝直径小于或等于 0.8 mm),因为细丝刚度小,推丝过程中易变形,难以推丝。拉丝时送丝电动机与焊丝盘均安装在焊枪上,由于送丝力较小,所以拉丝电动机功率较小,尽管如此,拉丝式焊枪仍然较重。可见拉丝式送丝机虽保证了送丝的稳定性,但由于焊枪较重,增大了机器人的载荷,而且焊枪操作范围受到限制。

推拉丝式可以增大焊枪操作范围,送丝软管可以加长到 10 m。除有推丝机外,还在焊枪上加装了拉丝机。推丝机提供主要动力,而拉丝机只将焊丝拉直,以减小推丝阻力。推力与拉力必须很好地配合,通常拉丝速度应稍快于推丝的。这种方式虽有一些优点,但由于结构复杂,调整麻烦,同时焊枪较重,因此实际应用并不多。

5)焊丝架盘

盘状焊丝可装在机器人 S 轴上,也可装在地面的焊丝盘架上。焊丝盘架用于焊丝盘的固定,如图 5-3 所示。焊丝从送丝软管中穿入,通过送丝机构送入焊枪。

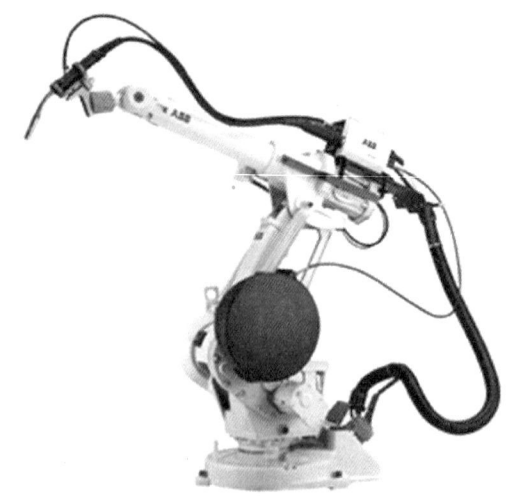

图 5-3　焊丝盘架结构示意图

6)焊接变位机

用来拖动待焊工件,使待焊焊缝运动至理想位置从而进行施焊作业的设备,称为焊接变位机。也就是说,把工件装夹在一个设备上,进行施焊作业。焊件待焊焊缝的初始位置可能处于空间任一方位。通过回转变位运动,使任一方位的待焊焊缝的焊接变为船角焊、平焊或平角焊施焊作业,完成这个功能的设备称为焊接变位机。它改变了可能需要立焊、仰焊等难以保证焊接质量的施焊操作,从而保证了焊接质量,提高了焊接生产率和生产过程的安全性。

7）焊接供气系统

熔化极气体保护焊要求可靠的气体保护。供气系统的作用就是保证纯度合格的保护气体在焊接时以适宜的流量平稳地从焊枪喷嘴喷出。目前国内保护气体的供应方式主要有瓶装供气和管道供气两种,但以瓶装供气为主。瓶装供气系统主要由钢瓶、气体调节器、电磁气阀、电磁气阀的控制电路及气路构成。对于混合气体保护,还应使用配比器,以稳定气体配比,提高焊接质量。

8）焊枪清理装置

工业机器人焊枪经过焊接后,内壁会积累大量的焊渣,影响焊接质量,因此需要使用焊枪清理装置定期清除;焊丝过短、过长或焊丝端头成球状,也可以通过焊枪清理装置进行处理。焊枪清理装置主要包括剪丝装置、沾油装置、清渣装置以及喷嘴外表面的打磨装置。剪丝装置主要用于用焊丝进行起始点检出的场合,以保证焊丝的干伸长一定,提高检出的精度;沾油是为了使喷嘴表面的飞溅易于清理;清渣的作用是清除喷嘴内表面的飞溅,以保证气体的畅通;喷嘴外表面的打磨装置的作用主要是清除外表面的飞溅。

2. 点焊机器人

工业机器人点焊工作站根据焊接对象性质及焊接工艺要求,利用点焊机器人完成点焊过程。工业机器人点焊工作站除了点焊机器人外,还包括点焊电极、电阻焊接控制装置、焊钳等各种焊接附属装置。

汽车工业是点焊机器人系统一个典型的应用领域,如图 5-4 所示。在装配每台汽车车体时,大约 60％的焊点是由机器人完成的。最初,点焊机器人只用于增强焊作业,后来为了保证拼接精度,又让机器人完成定位焊作业。这样,点焊机器人逐渐被要求有更全的作业性能,具体来说有:

图 5-4　点焊机器人工作站在汽车行业的应用

①安装面积小,工作空间大;
②能快速完成小节距的多点定位(例如每 0.3～0.4 s 移动 30～50 mm 节距后定位);
③定位精度高(±0.25 mm),以确保焊接质量;

④持重大(50～100 kg),以便携带内装变压器的焊钳;

⑤内存容量大,示教简单,节省工时;

⑥点焊速度与生产线速度相匹配,同时安全可靠性好。

1) 点焊机器人本体

点焊机器人虽然有多种结构形式,但大体上都可以分为 3 大组成部分,即机器人本体、点焊焊接系统及控制系统。目前应用较广的点焊机器人,其本体形式有落地式的垂直多关节型、悬挂式的垂直多关节型、直角坐标型和定位焊接用机器人。目前主流机型为多用途的大型六轴垂直多关节机器人,这是因为其工作空间安装面积比大,持重多数为 100 kg 左右,还可以附加整机移动的自由度。

点焊机器人控制系统由本体控制部分及焊接控制部分组成。本体控制部分主要实现示教在线、焊点位置及精度控制,控制分段的时间及程序转换,还可通过改变主电路晶闸管的导通角而实现焊接电流控制。

点焊机器人的焊接系统即手臂上所握焊枪包括电极、电缆、气管、冷却水管及焊接变压器。焊枪相对比较重,要求手臂的负重能力较强。目前使用的机器人点焊电源有两种,即单相工频交流点焊电源和逆变二次整流式点焊电源。

(1) 点焊机器人主要分为垂直多关节型(落地式)、垂直多关节型(悬挂式)、直角坐标型、定位焊接用机器人(单向加压)。

在驱动形式方面,由于电伺服技术的迅速发展,液压伺服在机器人中的应用逐渐减少,甚至大型机器人也在向电动机驱动方向过渡,随着微电子技术的发展,机器人在性能、小型化、可靠性以及维修等方面日新月异。

在机型方面,尽管主流的仍是多用途的大型六轴垂直多关节机器人,但是,出于机器人加工单元的需要,一些汽车制造厂家也进行了开发立体配置3～5轴小型专用机器人的尝试。

(2) 点焊机器人的焊接系统主要由焊接控制器、焊钳(含阻焊变压器)及水、电、气等辅助部分组成。

(3) 点焊机器人焊钳从用途上可分为C形和X形两种。C形焊钳用于点焊垂直及近于垂直倾斜位置的焊缝,X形焊钳则主要用于点焊水平及近于水平倾斜位置的焊缝。根据阻焊变压器与焊钳的结构关系可将焊钳分为内藏式、分离式和一体式三种形式。

2) 点焊电极

(1) 点焊电极的功能。

点焊电极是保证点焊质量的重要零件,其主要功能有:向工件传导电流;向工件传递压力;迅速导散焊接区的热量。

(2) 电极材料的要求。

基于电极的上述功能,要求制造电极的材料应具有足够高的电导率、热导率和高温硬度,电极的结构必须有足够的强度和刚度,以及充分冷却的条件。此外,电极与工件间的接触电阻应足够低,以防止工件表面熔化或电极与工件表面之间发生合金化。

(3) 常见电极材料。

电极材料按我国航空航天工业部航空工业标准 HB 5420—1989 的规定,分为 4 类,但常用的是前三类。

1类合金是高电导率、中等硬度的铜及铜合金。这类材料主要通过冷作变形方法达到其硬度要求。其适用于制造焊铝及铝合金的电极,也可用于镀层钢板的点焊,但性能不如 2

类合金。1 类合金还常用于制造不受力或低应力的导电部件。

2 类合金具有较高的电导率、硬度高于 1 类合金。这类合金可通过冷作变形与热处理相结合的方法达到其性能要求。与 1 类合金相比，它具有较高的力学性能、适中的电导率，在中等程度的压力下，有较强的抗变形能力，因此是最通用的电极材料，广泛地用于点焊低碳钢、低合金钢、不锈钢、高温合金、电导率低的铜合金，以及镀层钢等。2 类合金还适用于制造轴、夹钳、台板、电极夹头等电阻焊机中各种导电构件。

3 类合金是电导率低于 1 类和 2 类，硬度高于 2 类的合金。这类合金可通过热处理或冷作变形与热处理相结合的方法达到其性能要求。这类合金具有更高的力学性能，耐磨性能好，软化温度高，但电导率较低，因此适用于点焊电阻率高和高温强度高的材料。

随着工业生产的发展，电阻焊在高速、高节奏的生产流程中对电极材料的强度、软化点和导电性能等提出了更高的要求。颗粒强化铜基复合材料（又称为弥散强化铜）作为新型电极材料已受到重视并广泛采用。这是一种在铜基体中加入或通过一定的工艺措施制成微细、弥散分布又具有良好热稳定性的第二相粒子，该粒子可阻碍位错运动，提高材料的室温强度，同时又可阻碍再结晶的发生，从而提高材料的高温强度，如 Al_2O_3-Cu、TiB_2-Cu 复合材料。

（4）点焊电极的结构。

点焊电极的结构可分为标准直电极、弯电极、帽式电极、螺纹电极和复合电极五种。

点焊电极由四部分即端部、主体、尾部和冷却水孔组成，标准直电极是点焊中应用最广泛的一种电极。

3）电阻焊接控制装置

电阻焊接控制装置是合理控制时间、电流和加压力这三大焊接条件的装置，综合了焊钳各种动作的控制、时间的控制以及电流调整的功能。通常情况下，装置启动后就会自动进行一系列的焊接工序。工业机器人点焊工作站使用的电阻焊接控制装置型号为 IWC5-10136C，是采用微计算机控制，同时具备高性能和高稳定性的控制器。IWC5-10136C 电阻焊接控制装置具有按照指定的直流焊接电流进行定电流控制功能、步增功能、各种监控以及异常检测功能。电阻焊接控制器组成结构如图 5-5 所示。

4）焊钳

机器人用的点焊钳和手工用点焊钳大致相同，一般有 C 型和 X 型两类。应根据工件的结构形式、材料、焊接规范以及焊点在工件上的位置分布来选用焊钳的形式、电极直径、电极间的压紧力、两电极的最大开口度和焊钳的最大喉深等参数。图 5-6 为常用的 C 型焊钳，图 5-7 为 X 型焊钳。

四、弧焊机器人的周边设备与工位布局

1. **简易弧焊机器人工作站**

在简易弧焊机器人工作站（见图 5-8）中，在不需要工件变位的情况下，机器人可以到达所有焊缝或焊点的位置，因此该工作站中没有变位机，是一种能用于焊接生产的、最小组成的弧焊机器人系统。这种类型的工作站一般由弧焊机器人（包括机器人本体、控制柜、示教盒、弧焊电源和接口、送丝机、焊丝盘、送丝软管、焊枪、防撞传感器、操作控制盘及设备间连接电缆、气管和冷却水管等）、机器人底座、工作台、工件夹具、围栏、安全保护设施和排烟系统等部分组成。另外，根据需要还可安装焊枪喷嘴清理及剪丝装置。在这种工作站中，工件只被夹紧固定而不进行变位，除夹具需要根据工件单独设计外，其他都是通用设备或简单的

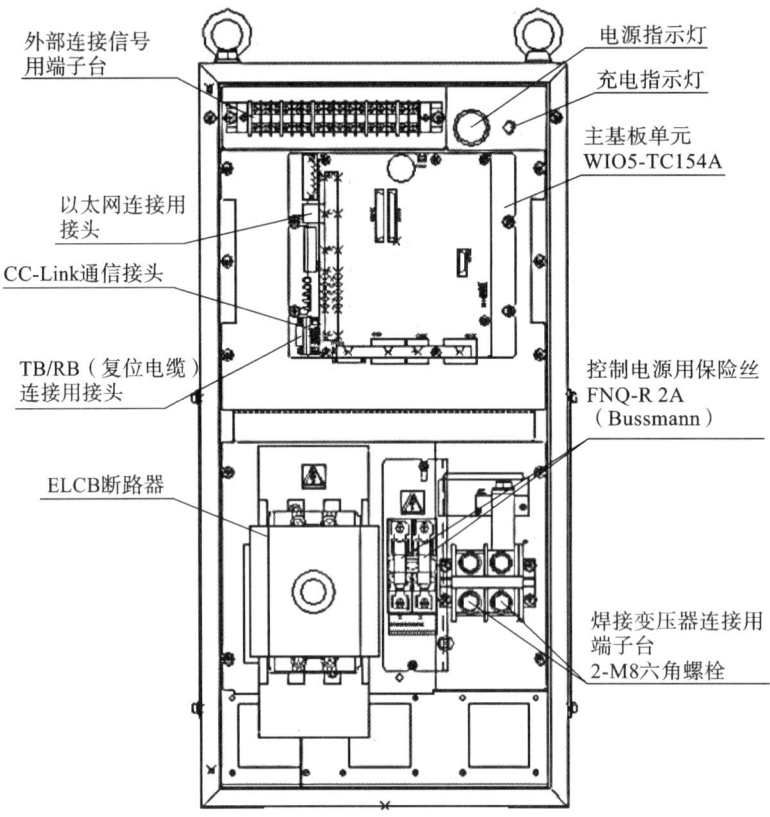

图 5-5 电阻焊接控制器组成结构

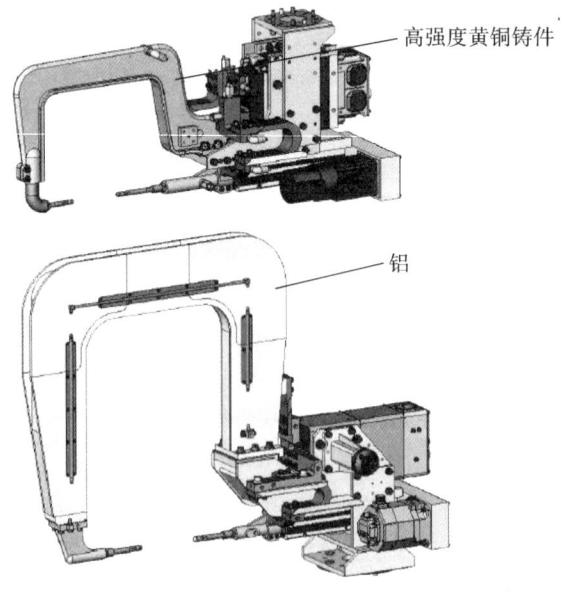

图 5-6 C 型焊钳

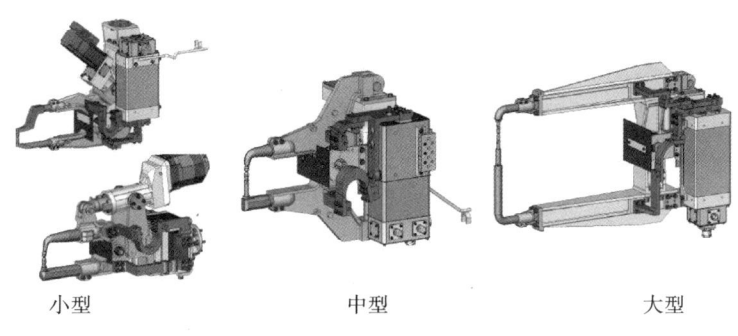

小型　　　　　　　中型　　　　　　　大型

图 5-7　X 型焊钳

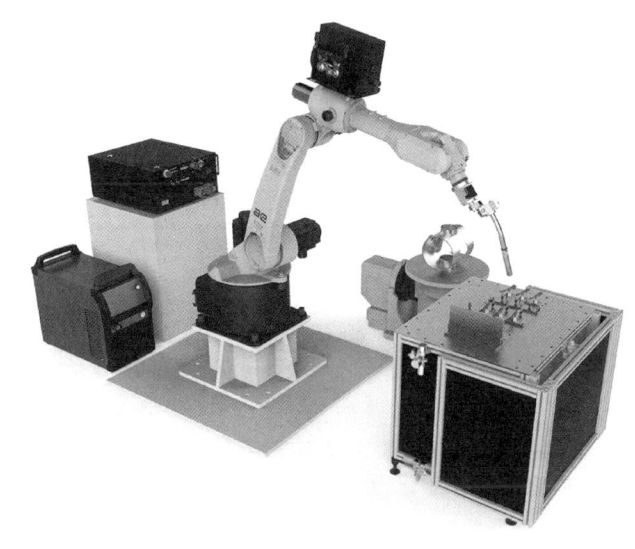

图 5-8　简易弧焊机器人工作站

结构件。由于该工作站设备操作简单,容易掌握,故障率低,因此能较快地在生产中发挥作用,取得较好的经济效益。

2. 变位机与弧焊机器人组合的工作站

变位机与弧焊机器人组合的工作站组成结构如图 5-9 所示。这种工作站在焊接作业时,工件需要变动位置,但不需要变位机与机器人协同运动,这种工作站比简易焊接机器人工作站要复杂一些。根据工件结构和工艺要求不同,所配套的变位机与弧焊机器人有不同的组合形式。在工业自动化生产领域中,具有不同形式的变位机与弧焊机器人的工作站的应用范围最广,应用数量也最多。

3. 弧焊机器人与周边设备协同作业的工作站

弧焊机器人与周边设备协同作业的工作站组成结构如图 5-10 所示。

随着机器人控制技术的发展和弧焊机器人应用范围的扩大,机器人与周边辅助设备做协调运动的工作站在生产中的应用越来越广泛。目前各机器人生产厂商多不对外公开机器人的控制技术(特别是控制软件),不同品牌机器人的协调控制技术各不相同。有的一台控制柜可以同时控制两台或多台机器人做协调运动,有的则需要多台控制柜;有的一台控制柜可以同时控制多个外部轴和机器人做协调运动,而有的一台控制柜只能控制一个外部轴。目前国内外使用的具有联动功能的机器人工作站大都是由机器人生产厂商自主全部成套生

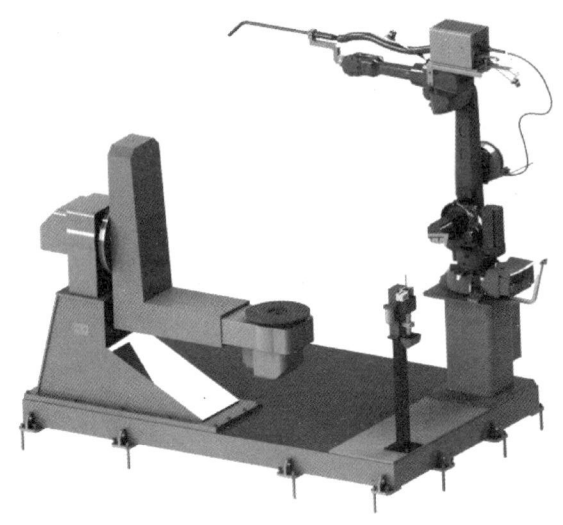

图 5-9　变位机与弧焊机器人组合的工作站

图 5-10　弧焊机器人与周边设备协同作业的工作站

产的。也有专业工程开发单位设计周边变位设备,但必须选用机器人公司提供的配套伺服电动机及伺服驱动系统。

任务实施

为完成在智能装备博览会上对客户就公司焊接机器人集成系统组成及特点进行介绍的工作任务,并依据客户实际需求拟定焊接系统集成设计方案,需完成以下工作:

(1) 熟悉需介绍的公司产品——焊接机器人集成系统结构与特点;

(2) 熟悉焊接机器人集成系统外围设备的选型及工艺布局;

(3) 给客户讲解焊接机器人集成系统结构及外围设备选型与工艺布局;

(4) 对与客户交流沟通过程进行记录并整理相关资料文档;

(5) 填写任务工单。

任务工单如表 5-1 所示。

表 5-1　焊接机器人认知实施任务工单

姓名		学号		地点
班级		时间		

焊接机器人认知实施任务工单

序号	主要工作内容	完成情况	备注
1	熟悉需介绍的公司产品——焊接机器人结构与特点		
2	熟悉焊接机器人类别及系统集成		
3	根据客户要求提出焊接机器人系统集成方案		
4	对与客户交流沟通过程进行记录并整理相关资料文档		

教师评分：　　　　　　　　　　　　　　　　　　教师签名：

考核评价

完成该任务后，应全面熟悉焊接机器人分类、结构与特点，能根据客户需求提出焊接机器人系统集成方案。请根据表 5-2 对照检查是否掌握了该任务实施过程中所需的知识点与技能点，是否具备了相关职业素养。

任务考核评价包括学生自评、学生互评、教师评价等三个维度。

表 5-2　考核与评价表

序号	评分点	评分标准	不同评价维度得分		分项得分
1	能准确说出焊接机器人分类与特点（20 分）	表述正确得 20 分，表述基本正确得 12 分，表述错误不得分	学生自评		
			学生互评		
			教师评价		
2	能准确说出焊接机器人及集成系统组成结构（20 分）	表述正确得 20 分，表述基本正确得 12 分，表述错误不得分	学生自评		
			学生互评		
			教师评价		
3	能根据客户需求提出焊接机器人系统集成方案（30 分）	方案可行得 30 分，方案基本可行得 18 分，方案不可行不得分	学生自评		
			学生互评		
			教师评价		
4	能正确填写任务工单（10 分）	填写正确得 10 分，填写基本正确得 6 分，填写不正确，每项扣 2 分，扣完为止	学生自评		
			学生互评		
			教师评价		
5	体现良好的职业素养（20 分）	与客户交流中体现良好的职业素养，包括穿着、言谈举止、敬业精神、团队意识等方面。根据以上评分点扣分，每违反一项扣 5 分，扣完为止	学生自评		
			学生互评		
			教师评价		

总评得分：

教师签名：　　　　　　学生 A 签名：　　　　　　学生 B 签名：

考核评价时间：

注：分项得分＝学生自评×20％＋学生互评×30％＋教师评价×50％。

课 后 练 习

1. 简述焊接机器人工作站系统的结构。

2. 简述变位机的作用。

3. 简述送丝机构的结构与工作原理。

微信扫码测试

任务二　喷涂机器人认知

任务目标

1. 了解喷涂机器人特点与分类。

2. 了解喷涂机器人集成系统组成。

3. 熟悉喷涂机器人的周边设备及选型。

4. 熟悉喷涂机器人集成系统工艺布局。

5. 能就客户实际应用场合给出具体的喷涂机器人集成系统设计方案。

任务描述

某机器人公司参加国内智能装备博览会,你作为公司派驻的现场工程师,就公司生产的喷涂机器人集成系统向参会客户介绍,并给出具体的设计方案,使客户更好地了解公司产品,便于产品推广。

知识准备

一、喷涂机器人的特点与技术要求

喷涂机器人

1. 喷涂机器人的特点

(1) 机器人工作环境包含易爆的喷涂剂蒸气。

(2) 机器人沿轨迹高速运动,途经各点均为作业点。

(3) 多数的被喷涂件都搭载在传送带上,机器人边移动边喷涂。

2. 喷涂机器人的技术要求

(1) 机器人的运动链要有足够的灵活性,以适应喷枪对工件表面的不同姿态要求,多关节型机器人最常用,它有 5～6 个自由度。

(2) 要求速度均匀,特别是在轨迹拐角处误差要小,以避免涂层不均。

(3) 控制方式以手把手示教方式较常见,因此要求在其整个工作空间内示教时要省力,要考虑重力平衡问题。

(4) 可能需要轨迹跟踪装置。

（5）一般均用连续轨迹控制方式。

（6）要有防爆要求。

二、喷涂机器人的分类

1. 按手腕结构分类

目前,国内外的喷涂机器人从结构上大多数仍采用与通用工业机器人相似的五或六自由度串联关节式机器人,在其末端加装自动喷枪。按照手腕结构划分,应用较为普遍的喷涂机器人主要有两种:球型手腕喷涂机器人和非球型手腕喷涂机器人。

1）球型手腕喷涂机器人

球型手腕喷涂机器人与通用工业机器人手腕结构类似,手腕3个关节轴线相交于一点,即目前绝大多数商用机器人所采用的Bendix手腕,该手腕结构能够保证机器人运动学逆解具有解析解,便于离线编程控制,但是由于其腕部第二关节不能实现360°周转,故工作空间相对较小。采用球型手腕的喷涂机器人多为紧凑型结构,其工作半径多为0.7～1.2 m,多用于小型工件的喷涂。

2）非球型手腕喷涂机器人

非球型手腕喷涂机器人手腕的3个轴线并非如球型手腕机器人一样相交于一点,而是相交于两点。非球型手腕机器人相对于球型手腕机器人来说更适合于喷涂作业。该型喷涂机器人每个腕关节转动角度都能达到360°以上,手腕灵活性大,机器人工作空间较大,特别适用于复杂曲面及狭小空间内的喷涂作业,但非球型手腕机器人运动学逆解没有解析解,增大了机器人控制的难度,难以实现离线编程控制。

非球型手腕喷涂机器人根据相邻轴线的位置关系又可分为正交非球型手腕机器人和斜交非球型手腕机器人两种形式。

现今应用的喷涂机器人很少采用正交非球型手腕,主要是其相邻腕关节彼此垂直,容易造成从手腕中穿过的管路出现较大的弯折、堵塞甚至折断。相反,斜交非球型手腕做成中空的,各管线从中穿过,直接连接到末端高转速旋杯喷枪上,在作业过程中内部管线较为柔顺,故被各大厂商采用。

2. 按动力源分类

1）液压喷涂机器人

液压喷涂机器人的结构一般为六轴多关节型。它由机器人本体、控制装置和液压系统组成。手部采用柔性手腕结构,可绕臂的中心沿任意方向弯曲,而且在任意弯曲状态下可绕腕中心轴扭转。由于腕部不存在奇异位形,因此能喷涂形态复杂的工件,并具有很高的生产率。

多关节型机器人运动时,随手臂位姿的改变,其惯性矩的变化很大,因此伺服系统很难得到高速运动下的最佳增益,液压喷涂机器人当然也不例外,再加上液压伺服阀死区的影响,它的轨迹精度有所下降。

用遥控操作进行示教和修正时,需要操作者靠近机器人作业,为了安全起见,不但应在软件上采取限速措施,而且在硬件方面也应加装限速液压回路。具体地,可以在伺服阀和油缸间设置一个速度切换阀,遥控操作时,切换阀限制液压油的油量把机械臂的速度限制在0.3 m/s以下。

喷涂机器人主机和操作板必须满足防爆安全规定。这些规定归根结底就是要求机器人在可能发生强烈爆炸的危险环境下也能安全工作。为了满足认定标准，在技术上可采取两种措施：一是增设稳压屏蔽电路，把电路的能量降到规定值以内；二是适当增加液压系统的机械强度。

2）电动喷涂机器人

近年来，由于交流伺服电动机的应用和高速伺服技术的进步，在喷涂机器人中采用电驱动技术已经成为可能，现阶段，电动喷涂机器人多采用耐压或内压防爆结构，限定在 1 类危险环境（在通常条件下有生成危险气体介质之虞）和 2 类危险环境（在异常条件下有生成危险气体介质之虞）下使用。

电动喷涂机器人采用的内压防爆方式指往电气箱中人为地注入高压气体（比易爆危险气体介质的压力高）的做法。在此基础上，如果采用无火花交流电动机和无刷旋转变压器，则可组成安全性更好的防爆系统。为了保证绝对安全，电气箱内装有监测压力状态的压力传感器，一旦压力降到设定值以下，它便立即感知并切断电源，停止机器人工作。

三、喷涂机器人的结构组成

1. 传统喷涂机器人组成

电液伺服驱动机器人回转机构、大臂、小臂和腕部每个轴均由电液伺服控制，并带有独立油源，以实现机器人的驱动。

回转机构：主要由回转支座和伺服机构组成。

大臂机构：主要由立臂、伺服机构、直线液压缸和平衡机构组成。

小臂机构：主要由横臂、伺服机构、直线液压缸和平衡机构组成。

腕部机构：一般有两种形式。一种是柔性手腕，由两个伺服机构的直线缸和一个伺服机构的摆动缸实现±90°两个摆动和绕轴线转动；另一种是摆动手腕，由两个摆动缸或者三个摆动缸组成，分别实现一轴或三轴运动，其回转角度小于 240°。

电液伺服系统由泵、溢流阀、电磁换向阀、单向节流阀、蓄能器、液控换向阀、滤油器、伺服阀和短路阀等器件组成，用来驱动和控制三个直线缸和两个摆动缸，可根据需要增减控制液压缸的数量。

控制系统主要采用交流伺服控制，总体由主计算机、操作面板、手持示教器、磁盘存储、接口控制、伺服系统、外设控制和电源系统等构成。系统具有二级 CPU 系统、中断控制、示教器示教、隔离和安全保护等功能。内部传感器主要有旋转变压器、光电码盘和电位器等，已开始采用视觉和接近觉等外部传感元件。

2. 现代喷涂机器人的结构组成

现代喷涂机器人是集机械、电子、计算机、传感器、人工智能等多学科先进技术于一体的现代制造业重要的自动化装备，在喷涂生产过程中已经得到了广泛应用。柔性化、节省投资和能耗、高度集成化成为研发新一代机器人关注的重点，以下将从机器人及喷涂设备两方面介绍喷涂机器人技术的新进展。

1）机器人系统

喷涂机器人早已不是人们简单理解的一种产品或技术工具，其已带来制造业在涂装生产模式、理念、技术多个层面的深层次变革，各大机器人厂商也针对不同的工业应用推出深度定制的新型喷涂机器人。

（1）操作机。

瑞士 ABB 公司推出的为汽车工业量身定制的新型喷涂机器人——FlexPainter IRB

5500，在涂装范围、涂装效率、集成性和综合性价比等方面具有较为突出的优势。IRB 5500型涂装机器人凭借其独特的设计和结构，依托 QuickMove 和 TrueMove 功能，可以实现高加速度的运动和灵活精准快速的涂装作业。其中，QuickMove 功能可以确保机器人能够快速从静止加速到设定速度，最大加速度可达 24 m/s²，而 TrueMove 功能则可以确保机器人在不同速度下，运动轨迹与编程设计轨迹保持一致。

（2）控制器。

在环保意识日益增强的今天，为了营造环保效果好的"绿色工厂"，同时也为了降低运营成本，ABB 公司推出了融合集成过程系统（IPS）技术、连续喷涂 StayOn 功能和无堆积 NoPatch 功能，为喷涂车间应用量身定制的新一代喷涂机器人控制系统 IRC5P。ABB 独有的 IPS 技术可实现高速度和高精度的闭环过程控制，最大限度消除了过喷现象，显著提高了喷涂品质。连续喷涂 StayOn 功能可实现机器人在喷涂作业过程中采取一致的喷涂条件连续完成作业，不需要频繁开关以减少涂料的消耗，同时能保证高的喷涂质量。无堆积 NoPatch 功能配合 IRB 5500 机器人可使机器人平行于纵向和横向车身表面自如移动手臂，可以实现一次喷涂无须重叠拼接。这些技术的应用可显著缩短循环时间和节省喷涂材料。

（3）示教器。

示教器作为人机交互的桥梁，其新型产品不仅应具有防爆功能，而且应集成一体化的工艺控制模块，辅以超人性化设计的示教界面，使示教越来越简单快速。目前各大厂商对离线编程软件的开发不断深入，使示教器可以完成与实际机器人相同的运动规划，进一步简化了示教。

2）喷涂设备

喷涂主要应用对象为成熟的汽车行业焊接结构件、钣金覆盖件以及建筑、机电等其他行业的结构件，针对不同工件，采用的工艺主要分为移动式和固定式涂装。

四、喷涂机器人系统的组成

典型的喷涂机器人工作站主要由操作机、机器人控制系统、供漆系统、自动喷枪/旋杯、喷房、防爆吹扫系统等组成，如图 5-11 所示。

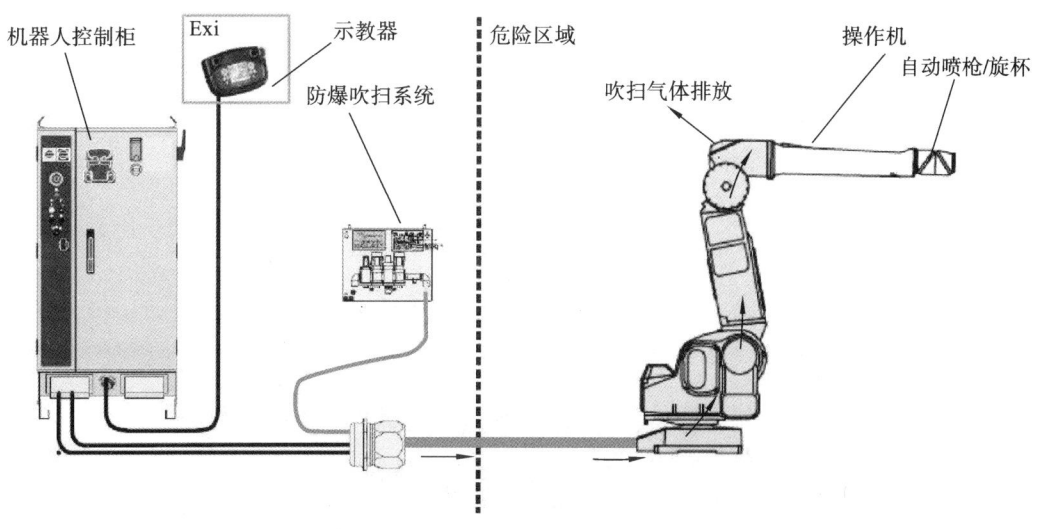

图 5-11　喷涂机器人系统组成

喷涂机器人与普通工业机器人相比,操作机在结构方面的差别除了球型手腕与非球型手腕外,主要是防爆、油漆及空气管路和喷枪的布置所导致的差异,归纳起来主要特点如下。

(1) 一般手臂工作范围大,进行涂装作业时可以灵活避障。

(2) 手腕一般有2~3个自由度,轻巧快速,适合内部、狭窄的空间及复杂工件的喷涂。

(3) 较先进的喷涂机器人采用中空手臂和柔性中空手腕,使得软管、线缆可内置,从而避免软管与工件间发生干涉,最大限度降低灰尘粘到工件的可能性,缩短生产节拍。

喷涂机器人控制系统主要完成本体和喷涂工艺控制。本体控制在控制原理、功能及组成上与通用工业机器人的基本相同;喷涂工艺的控制则是对供漆系统的控制,即负责对涂料单元控制盘、喷枪/旋杯单元进行控制,发出喷枪/旋杯开关指令,自动控制和调整涂装的参数(如流量、雾化气压、喷幅控制气压以及静电电压),控制换色阀及涂料混合器完成清洗、换色、混色作业。

供漆系统主要由涂料单元控制盘、气源、流量调节器、齿轮泵、涂料混合器、换色阀、供漆供气管路及监控管线组成。涂料单元控制盘简称气动盘,它接收机器人控制系统发出的涂装工艺的控制指令,精准控制调节器、齿轮泵、喷枪/旋杯完成流量、空气雾化和空气成型的调整;同时控制涂料混合器、换色阀等实现自动化的颜色切换和指定的自动清洗等功能,实现高质量和高效率的涂装。

对于喷涂机器人,根据所采用的喷涂工艺不同,机器人"手持"的喷枪及配备的喷涂系统存在差异。传统喷涂工艺中空气涂装与高压无气涂装仍在广泛使用,但近年来静电涂装,特别是旋杯式静电涂装工艺凭借其高质量、高效率、节能环保等优点已成为现代汽车车身涂装的主要手段之一,并且被广泛应用于其他工业领域。

五、喷涂机器人的周边设备

喷涂机器人根据工艺特点一般分为固定式和移动式,固定式喷涂机器人如图5-12所示,移动式喷涂机器人如图5-13所示。移动式喷涂机器人还需要配备附加轴。

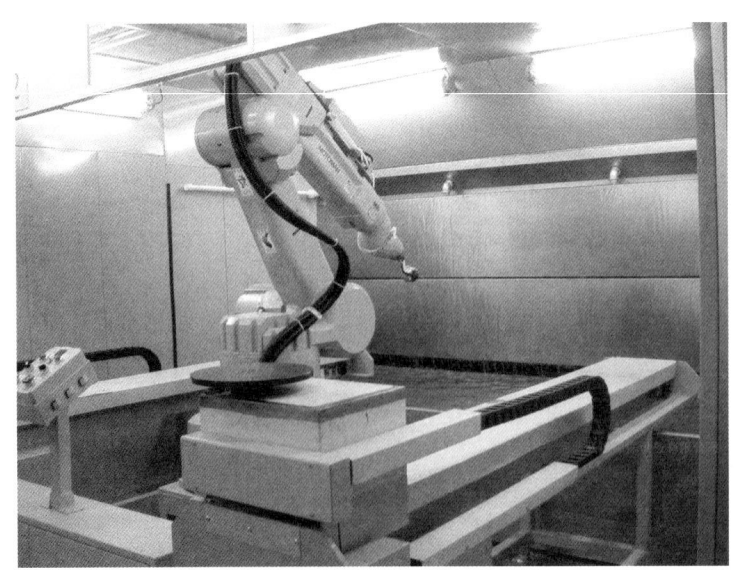

图5-12　固定式喷涂机器人

图 5-13　移动式喷涂机器人

常见的喷涂机器人辅助装置还有机器人行走单元、工件传送单元、空气过滤单元、输调漆系统、喷枪清理装置、涂装生产线控制盘等。

任务实施

为完成在智能装备博览会上对客户就公司喷涂机器人系统集成组成及特点进行介绍的工作任务,并依据客户实际需求拟定喷涂系统集成设计方案,需完成以下工作:

（1）熟悉需介绍的公司产品——喷涂机器人集成系统结构与特点;

（2）熟悉喷涂机器人集成系统外围设备的选型及工艺布局;

（3）给客户讲解喷涂机器人集成系统结构及外设选型与工艺布局;

（4）对与客户交流沟通过程进行记录并整理相关资料文档;

（5）填写任务工单。

任务工单如表 5-3 所示。

表 5-3　喷涂机器人认知实施任务工单

姓名		学号		地点
班级		时间		

喷涂机器人认知实施任务工单

序号	主要工作内容	完成情况	备注
1	熟悉需介绍的公司产品——喷涂机器人结构与特点		
2	熟悉喷涂机器人类别及集成系统		
3	根据客户要求提出喷涂机器人系统集成方案		
4	对与客户交流沟通过程进行记录并整理相关资料文档		

教师评分:　　　　　　　　　　　　　　　　　教师签名:

考核评价

完成该任务后,应全面熟悉喷涂机器人分类、结构与特点,能根据客户需求提出喷涂机器人系统集成方案。请根据表 5-4 对照检查是否掌握了该任务实施过程中所需的知识点与技能点,是否具备了相关职业素养。

任务考核评价包括学生自评、学生互评、教师评价等三个维度。

表 5-4 考核与评价表

序号	评分点	评分标准	不同评价维度得分		分项得分
1	能准确说出喷涂机器人分类与特点(20分)	表述正确得 20 分,表述基本正确得 12 分,表述错误不得分	学生自评		
			学生互评		
			教师评价		
2	能准确说出喷涂机器人及集成系统组成结构(20分)	表述正确得 20 分,表述基本正确得 12 分,表述错误不得分	学生自评		
			学生互评		
			教师评价		
3	能根据客户需求提出喷涂机器人系统集成方案(30分)	方案可行得 30 分,方案基本可行得 18 分,方案不可行不得分	学生自评		
			学生互评		
			教师评价		
4	能正确填写任务工单(10分)	填写正确得 10 分,填写基本正确得 6 分,填写不正确,每项扣 2 分,扣完为止	学生自评		
			学生互评		
			教师评价		
5	体现良好的职业素养(20分)	与客户交流中体现良好的职业素养,包括穿着、言谈举止、敬业精神、团队意识等方面。根据以上评分点扣分,每违反一项扣 5 分,扣完为止	学生自评		
			学生互评		
			教师评价		

总评得分:

教师签名:　　　　　　　学生 A 签名:　　　　　　　学生 B 签名:

考核评价时间:

注:分项得分=学生自评×20%+学生互评×30%+教师评价×50%。

课后练习

1. 简述喷涂机器人集成系统组成。
2. 简述喷涂机器人的特点。
3. 简述喷涂机器人的周边设备。

微信扫码测试

任务三　装配机器人认知

任务目标

1. 了解装配机器人特点与分类。
2. 了解装配机器人集成系统组成。
3. 熟悉装配机器人的周边设备及选型。
4. 熟悉装配机器人集成系统工艺布局。
5. 能就客户实际应用场合给出具体的装配机器人集成系统设计方案。

任务描述

某机器人公司参加国内智能装备博览会,你作为公司派驻的现场工程师,就公司生产的装配机器人集成系统向参会客户介绍,并给出具体的设计方案,使客户更好地了解公司产品,便于产品推广。

知识准备

智能制造正在如火如荼地推进,其中一个非常重要的概念就是"机器换人",而现在制造业"机器换人"最核心的部分就是把装配线上的工人替换为装配机器人。这样既可以减少工人的重复性劳动,又能保证产品的质量和效率。

装配在现代工业生产中占有十分重要的地位。有关资料统计表明,装配占产品生产劳动量的50%～60%,在有些场合这一比例甚至更高。例如,在电子厂的芯片装配、电路板的生产中,装配工作占劳动量的70%～80%。由于机器人的触觉和视觉系统不断改善,其将轴类件投放于孔内的准确度可以提高到0.01 mm。目前已逐步使用机器人装配复杂部件,例如装配发动机、电动机、大规模集成电路板等。因此,用机器人实现自动化装配作业是现代化生产的必然趋势。

装配机器人的出现,可大幅度提高生产效率,保证装配精度,减轻劳动者生产强度。目前装配机器人在工业机器人应用领域相对较少,其主要原因是装配机器人本体要比搬运、涂装、焊接机器人本体复杂。

一、装配机器人的特点及分类

对装配操作进行统计的结果表明,装配操作大多数为抓住零件从上方插入或连接的工作。水平多关节机器人就是专门为此而研制的一种成本较低的机器人。它有4个自由度:两个回转关节的转动、上下移动以及手腕的转

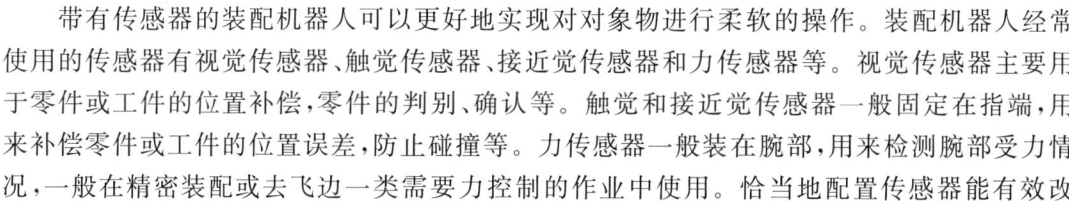

装配机器人

动。其中上下移动由安装在水平臂前端的移动机构实现。手爪安装在手部前端,负责抓握对象物,为了能抓取形状各异的工件,机器人上配备了各种可换手。

带有传感器的装配机器人可以更好地实现对对象物进行柔软的操作。装配机器人经常使用的传感器有视觉传感器、触觉传感器、接近觉传感器和力传感器等。视觉传感器主要用于零件或工件的位置补偿,零件的判别、确认等。触觉和接近觉传感器一般固定在指端,用来补偿零件或工件的位置误差,防止碰撞等。力传感器一般装在腕部,用来检测腕部受力情况,一般在精密装配或去飞边一类需要力控制的作业中使用。恰当地配置传感器能有效改

善机器人的性能。

在机器人进行装配作业时,除机器人主机、手爪、传感器外,零件供给装置和工件搬运装置也至关重要。无论从投资的角度还是从安装占地面积的角度,它们往往比机器人主机所占的比例大。周边设备常由可编程控制器控制,此外,一般还要有台架和安全栏等。

零件供给装置的作用是保证机器人能逐个正确地抓取待装配零件,保证装配作业正常进行。目前常采用的零件供给装置有给料器和托盘。给料器用振动或回转机构把零件排齐,并逐个送到指定位置,它以输送小零件为主。大零件或易磕碰划伤的零件加工完毕后应将其码放在称为"托盘"的容器中运输,托盘能按一定精度要求把零件送到给定位置,然后由机器人一个一个取出。由于托盘能容纳的零件有限,因此托盘装置往往带有托盘自动更换机构。目前机器人利用视觉和触觉传感技术已经能够达到从散堆状态把零件一一分拣出来的水平,这样零件的供给方式可能会发生显著的改观。

在机器人装配线上,输送装置承担把工件搬运到各作业地点的任务,输送装置以传送带居多。通常在作业时传送带停止,即工件处于静止状态。这样,装载工件的托盘同步停止。输送装置的技术问题是停止精度、停止时的冲击和减速问题。

1. 装配机器人的特点

装配机器人是工业生产中用于在装配生产线上对零件或部件进行装配的一类工业机器人。作为柔性自动化装配的核心设备,其具有精度高、工作稳定、柔顺性好、动作迅速等优点。归纳起来,装配机器人的主要优点如下。

(1)操作速度快,加速性能好,可缩短工作循环时间。

(2)精度高,具有极高的重复定位精度,可保证装配精度。

(3)能提高生产效率,解放单一繁重体力劳动。

(4)能改善工人劳作条件,使其摆脱有毒、有辐射的装配环境。

2. 装配机器人的分类

装配机器人在不同装配生产线上发挥着强大的作用,装配机器人大多由 4~6 轴组成,目前市场上常见的装配机器人,按臂部运动形式可分为直角式装配机器人和关节式装配机器人,关节式装配机器人又可分为水平串联关节式、垂直串联关节式和并联关节式机器人。

1)直角式装配机器人

直角式装配机器人又称单轴机械手,以 xyz 直角坐标系模型为基本数学模型,采用整体结构模块化设计。直角式装配机器人是目前工业机器人中最简单的一类,具有操作、编程简单等优点,可用于零部件移送、简单插入、旋拧等作业,机构上多装备球形螺钉和伺服电动机,具有速度快、精度高等特点,直角式装配机器人多为龙门式和悬臂式(可参考搬运机器人相应部分)。现已广泛应用于节能灯装配、电子类产品装配和液晶屏装配等场合。

2)关节式装配机器人

关节式装配机器人是目前装配生产线上应用最广泛的一类机器人,具有结构紧凑、占地空间小、相对工作空间大、自由度大、适合几乎任何轨迹或角度的工作、编程自由、动作灵活、易实现自动化等特点。

(1)水平串联关节式装配机器人:亦称为平面关节型装配机器人或 SCARA(selective compliance assembly robot arm,中文译名为可选择柔性装配机器手臂)机器人,是目前装配生产线上应用数量最多的一类装配机器人,它属于精密型装配机器人,具有速度快、精度高、柔性好等特点,多采用交流伺服电动机驱动,以保证较高的重复定位精度,可广泛应用于电子、机械和轻工业等产品的装配,满足工厂柔性化生产需求,如图 5-14 所示。

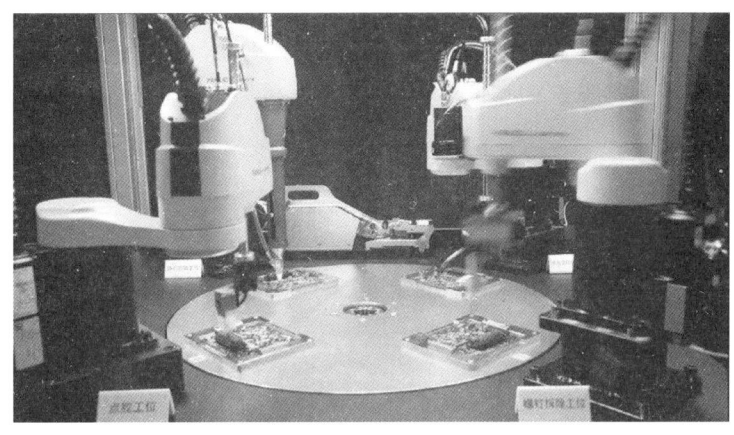

图 5-14 水平串联关节式装配机器人

SCARA 是一种圆柱坐标型的特殊类型的工业机器人,也有人称其为水平关节型机器人,一般有 4 个自由度。

SCARA 机器人有 3 个旋转关节,其轴线相互平行,在平面内进行定位和定向。另一个关节是移动关节,用于完成末端件在垂直于平面的运动。手腕参考点的位置是由两旋转关节的角位移 ϕ_1 和 ϕ_2,及移动关节的位移 z 决定的,即 $p = f(\phi_1, \phi_2, z)$,机器人运动速度可达 10 m/s,比一般关节式机器人快数倍。这类机器人的结构轻便、响应快。它适用于平面定位,在垂直方向进行装配的作业。例如,快速将一件小物件从一条输送带移动到另一条输送带上并排列好。

(2) 垂直串联关节式装配机器人:垂直串联关节式装配机器人多具有 6 个自由度,可在空间任意位置确定任意位姿。其结构如图 5-15 所示。

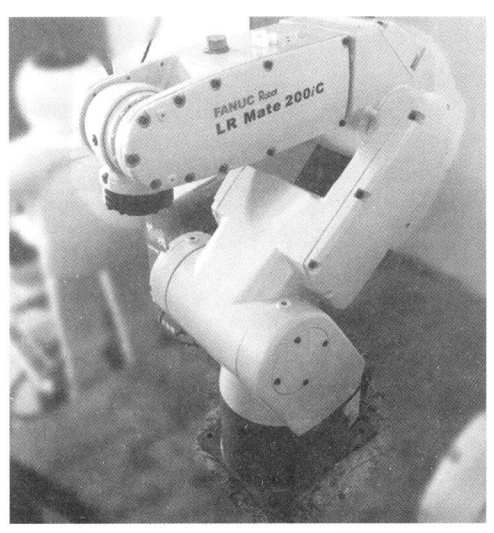

图 5-15 垂直串联关节式装配机器人

常用的装配机器人主要有可编程通用装配操作手(programmable universal manipulator for assembly),即 PUMA 机器人(最早出现于 1978 年)。PUMA 机器人是美国 Unimation 公司于 1977 年研制的一种由计算机控制的多关节装配机器人。一般有 5 或 6 个自由度,具有腰、肩、肘的回转以及手腕的弯曲、旋转和扭转等功能。其控制系统由微型计算机、伺服系统、输入输出系统和外部设备组成。采用 VALⅡ 为编程语言,例如语句"APPRO PART,50"表示手部运动到 PART 上方 50 mm 处。PART 的位置可以键入也可示教。装配机器人具有连续轨迹运动和矩阵变换的功能。PUMA 装配机器人结构如图 5-16 所示。

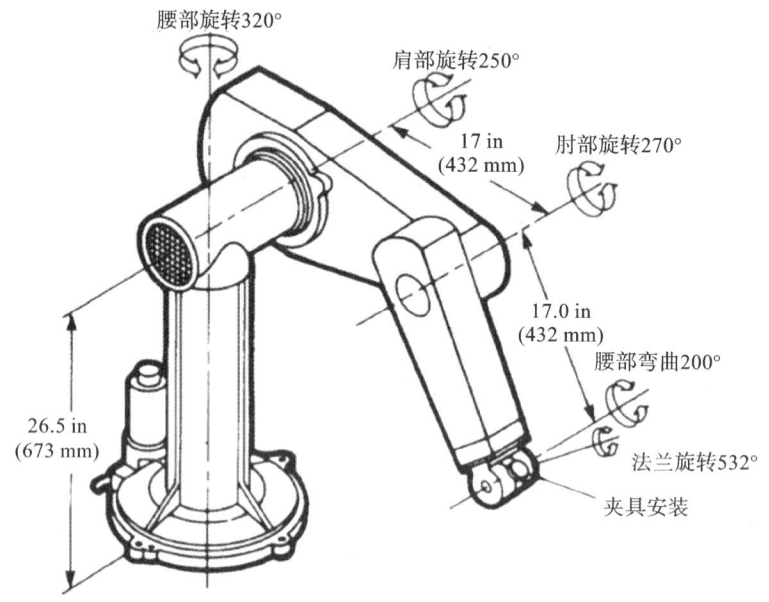

图 5-16 PUMA 装配机器人

(3) 并联关节式装配机器人:并联关节式装配机器人也称为 Delta 机器人、蜘蛛手、拳头机器人,是一种轻型、结构紧凑的高速装配机器人,可安装在任何倾斜角度上,独特的并联机构有助于实现快速敏捷的动作并降低非累积定位误差。目前在装配领域,并联关节式装配机器人有两种形式可供选择,即三轴手腕(合计六轴)和一轴手腕(合计四轴),具有小巧高效、安装方便、精准灵敏等优点,广泛应用于 IT、电子装配等领域。图 5-17 所示是采用两套 FANUC M-1iA 并联关节式装配机器人进行主板装配作业的场景。

图 5-17 并联关节式装配机器人作用场景

通常装配机器人本体与搬运、焊接、涂装机器人本体有一定的差别,原因在于机器人在完成焊接、涂装作业时,不与作业对象接触,只需示教机器人运动轨迹即可,而装配机器人需与作业对象直接接触,并进行相应动作;搬运、码垛机器人在移动物料时运动轨迹多为开放性的,而装配作业是一种约束运动类操作,即装配机器人精度要高于搬运、码垛、焊接和涂装机器人的。尽管装配机器人在本体上较其他类型机器人有所区别,但在实际应用中无论是直角式装配机器人还是关节式装配机器人都有如下特性。

①能够实时调节生产节拍和末端执行器动作状态。

②可更换不同末端执行器以适应装配任务的变化,方便、快捷。

③能够与零件供给装置、输送装置等辅助设备集成,实现柔性化生产。

④多配有传感器,如视觉传感器、触觉传感器、力传感器等,以保证装配任务的精准性。

目前市场中的装配生产线上多以关节式装配机器人中的 SCARA 机器人和并联关节式机器人为主,在小型、精密、垂直装配上,SCARA 机器人具有很大优势。随着社会需求增大和技术的进步,装配机器人行业亦得到迅速发展。多品种、少批量生产方式及提高产品质量和生产效率的生产工艺需求,成为推动装配机器人发展的直接动力,各个机器人生产厂家也不断推出新机型,以适应装配生产线的自动化和柔性化。图 5-18 所示为 FANUC、ABB、EPSON、KUKA 等生产的主流装配机器人本体。

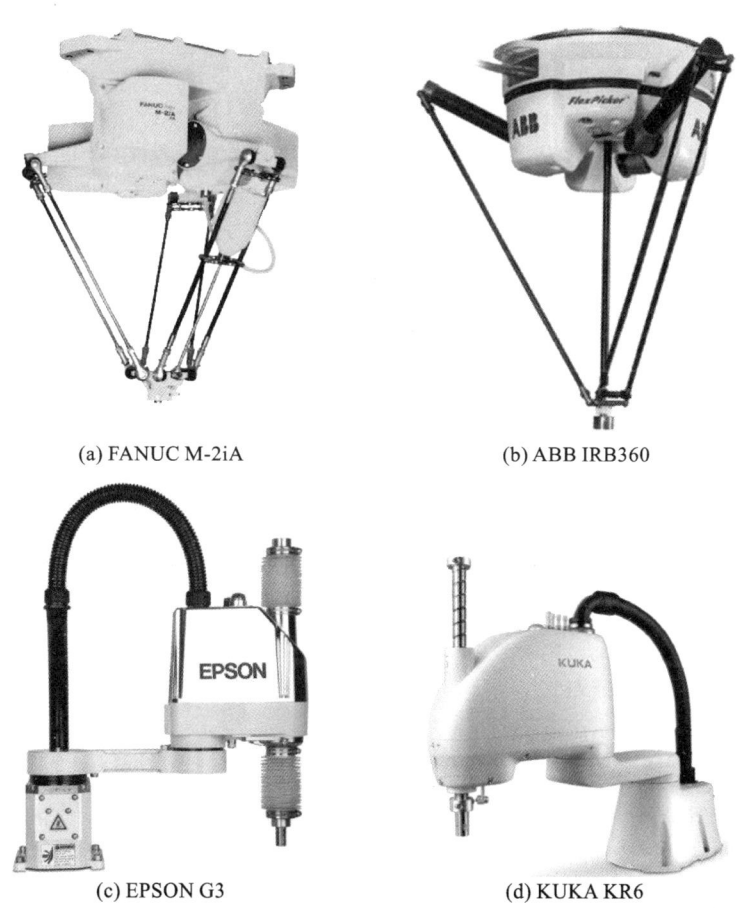

(a) FANUC M-2iA　　　　　　　　(b) ABB IRB360

(c) EPSON G3　　　　　　　　(d) KUKA KR6

图 5-18　主流装配机器人本体

二、装配机器人的系统组成

装配机器人的结构应保证其有较高的速度(加速度)和较高的定位精度,包括重复性和准确度,同时要考虑装配作业的特点。

从装配作业的统计数字上看,与插装作业相关的作业占装配作业的85%。如将销、轴、电子元件脚等插入相应的孔,将螺钉拧入螺孔等。

1. 末端执行器

装配机器人的末端执行器是夹持工件并移动的一种夹具,类似于搬运、码垛机器人的末端执行器。常见的装配机器人末端执行器有吸附式、夹钳式、专用式和组合式。

吸附式末端执行器在装配中的应用仅占一小部分,广泛应用于电视、录音机、鼠标等轻小工件的装配。

夹钳式手爪是装配中最常用的一类手爪,多采用气动或伺服电动机驱动,采用闭环控制,配备相应的传感器,可实现准确控制手爪启动、停止及其转速,并对外部信号做出准确反应。夹钳式装配手爪具有质量轻、出力大、速度高、惯性小、灵敏度高、转动平滑、力矩稳定等特点,其结构类似于搬运作业夹钳式手爪,但比搬运作业夹钳式手爪精度高、柔顺性好。

专用式手爪是在装配中针对某一类装配场合单独设计的末端执行器,且部分带有磁力,常见的主要用于螺钉、螺栓的装配,同样亦多采用气动或伺服电动机驱动。

组合式末端执行器是指通过组合获得各单组手爪优势的一类手爪,灵活性较大,多用于机器人需要相互配合的装配场合,可节约时间,提高效率。

2. 装配机器人的驱动系统

装配机器人的控制精度要求比其他类型的工业机器人高,因此,装配机器人的驱动系统结构主要应满足精度要求。而且,由于装配机器人比其他机器人要求更高的速度和加速度,因此驱动系统又要考虑能获得高速的要求,特别是离线编程技术的应用对机器人提出的要求。因此,由直接驱动电动机及其配套高分辨力编码器组成的驱动单元,在装配机器人结构件中的应用越来越多。而且,直接驱动电动机特别适用于SCARA机器人。

装配机器人的控制系统主要有以下三个特点。

(1) 高速实时的响应性。在装配机器人作业时,有各种各样的外部信号,如视觉信号、力觉信号等,要求机器人实时响应。

(2) 外部信号交互通信接口较多。

(3) 具有与复杂的多种作业相适应的人机交互技术。

与其他机器人相比,装配机器人由于其对应的作业范围广,作业复杂,所以更需要功能较强的人机技术软件。

装配机器人都配备了机器人专用语言。这是由于装配机器人的应用范围广,作业对象复杂,机器人生产厂家必须对用户提供易学、易操作的控制和编程方式。

3. 装配机器人的感觉系统

装配机器人的感觉系统对装配过程中的配合精度、力度等配合要素有着至关重要的作用。

为了使装配机器人能完成相对较复杂的装配任务,其必须配备各种传感器。机器人的传感器分为内部传感器和外部传感器。装配机器人主要使用外部传感器,相当于装配机器人的"眼睛"和"皮肤"等感觉器官。装配机器人的感觉系统应满足如下要求:

(1) 使用寿命长,精度高;

(2) 既要有较高的灵敏度,又要有较高的抗干扰能力;

（3）有较高的稳定性和可靠性；

（4）质量轻、价格便宜；

（5）使用多传感器融合技术。

装配机器人系统常用传感器主要有以下几种。

1）位姿传感器

（1）远程中心柔顺（RCC）装置。远程中心柔顺装置不是实际的传感器，在发生错位时起到感知设备的作用，并为机器人提供修正的措施。

（2）主动柔顺装置。主动柔顺装置根据传感器反馈的信息对机器人末端执行器或工作台进行调整，补偿装配件间的位置偏差。根据传感方式的不同，主动柔顺装置可分为基于力传感器的柔顺装置、基于视觉传感器的柔顺装置和基于接近度传感器的柔顺装置。

2）触觉传感器

机器人触觉可分成接触觉、接近觉、压觉、滑觉和力觉五种。接触觉是通过与对象物体彼此接触而产生的，所以最好使用手指表面高密度分布的触觉传感器阵列，它柔软、易于变形，可增大接触面积，并且有一定的强度，便于抓握。触觉传感器可检测机器人是否接触目标或环境，用于寻找物体或感知碰撞，触头可装配在机器人的手指上，用来判断工作中各种状况。

3）力传感器

通常将机器人的力传感器分为以下三类。

（1）装在关节驱动器上的力传感器，称为关节力传感器，它测量驱动器本身的输出力和用于控制的力反馈。

（2）装在末端执行器和机器人最后一个关节之间的力传感器，称为腕力传感器。腕力传感器能直接测出作用在末端执行器上的各向力和力矩。

（3）装在机器人手爪指关节上（或指上）的力传感器，称为指力传感器，用来测量夹持物体时的受力情况。

机器人的这三种力传感器依其不同的用途有不同的特点，关节力传感器用来测量关节的受力（力矩）情况，信息量单一，传感器结构也较简单，是一种专用的力传感器；（手）指力传感器一般测量范围较小，同时受手爪尺寸和重量的限制，要求结构小巧，也是一种较专用的力传感器；腕力传感器从结构上来说是一种相对复杂的传感器，它能获得手爪三个方向的力（力矩），信息量较多，又由于其安装的部位在末端执行器与机器人手臂之间，比较容易形成通用化的产品（系列），因此使用较为广泛。

4）接近觉传感器

机器人的接近觉传感器是指机器人手与对象物体的距离为几毫米到十几厘米时，就能检测出与对象物体表面的距离、对象物体斜度和表面状态的传感器。接近觉一般用非接触式测量元件，如霍尔效应传感器、电磁式接近开关、光学接近传感器和超声波传感器作为感知元件。接近觉传感器可分为6种：电磁式（感应电流式）、光电式（反射或透射式）、电容式、气压式、超声波式和红外线式。

5）视觉传感系统

配备视觉传感系统的装配机器人可依据需要选择合适的装配零件并进行粗定位和位置补偿，完成零件平面测量、形状识别等检测。

利用机械视觉识别方法可以测量某一目标相对于基准点的位置、方向和距离。

在装配过程中,机器人可以使用视觉传感系统实现零件平面测量、字符(文字、条码、符号等)识别、完善性检测、表面检测(裂纹、刻痕、纹理)和三维测量。类似于人的视觉系统,机器人的视觉系统通过图像和距离等传感器获取环境对象的图像、颜色和距离等信息,然后传递给图像处理器,利用计算机从二维图像中理解和构造出三维世界的真实模型。

图像处理过程中视觉系统首先要做的工作是摄入实物对象的图形,即解决摄像机的图像生成模型问题。包含两个方面的内容:一是摄像机的几何模型,即实物对象从三维景物空间转换到二维图像空间,关键是确定转换的几何关系;二是摄像机的光学模型,即摄像机的图像灰度与景物间的关系。由于图像的灰度是摄像机的光学特性、物体表面的反射特性、照明情况、景物中各物体的分布情况(产生重复反射照明)的综合作用结果,所以从摄入的图像中分解出各因素在此过程中所起的作用是不容易的。

视觉系统要对摄入的图像进行处理和分析。摄像机捕捉到的图像不一定是图像分析程序可用的格式,有些需要进行改善以消除噪声,有些则需要简化,还有的需要增强、修改、分割和滤波等。图像处理指的就是对图像进行改善、简化、增强或者其他变换的程序和技术的总称。图像分析是对一幅捕捉到的并经过处理的图像进行分析,从中提取图像信息,辨识或提取关于物体或周围环境的特征。

6)装配机器人的多传感器信息融合系统

自动生产线上,被装配的工件在初始位置时刻在运动,属于环境不确定的情况。机器人进行工件抓取或装配时,使用力和位置的混合控制是不可行的,一般可使用位置、力反馈和视觉融合控制方式来进行抓取或装配工作。

多传感器应用

多传感器信息融合装配系统由末端执行器、CCD视觉传感器和超声波传感器、柔顺腕力传感器及相应的信号处理单元等构成。CCD视觉传感器安装在末端执行器上,构成手眼视觉;超声波传感器的接收和发送探头也固定在机器人末端执行器上,由CCD视觉传感器获取待识别和抓取物体的一维图像,并引导超声波传感器获取深度信息;柔顺腕力传感器安装在机器人腕部。

图像处理主要完成对物体外形的准确描述,包括图像边缘提取、周线跟踪、特征点提取、曲线分割及分段匹配、图形描述与识别。CCD视觉传感器获取的物体图像经处理后,可提取对象的某些特征,如物体的形心坐标、面积、曲率、边缘、角点及短轴方向等,根据这些特征信息,可得到对物体形状的基本描述。

由于CCD视觉传感器获取的图像不能反映工件的深度信息,因此对于二维图形相同,仅高度略有差异的工件,只用视觉信息不能正确识别。在图像处理的基础上,由视觉信息引导超声波传感器对待测点的深度进行测量,获取物体的深度(高度)信息,或使其沿工件的待测面移动,不断采集距离信息,扫描得到距离曲线,根据距离曲线分析出工件的边缘或外形。计算机将视觉信息和深度信息进行融合并推断后,进行图像匹配、识别,并控制机械手以合适的位姿准确地抓取物体。

安装在机器人末端执行器上的超声波传感器由发射探头和接收探头构成,根据声波反射的原理,检测由待测点反射回的声波信号,经处理后可得到工件的深度信息。为了提高检测精度,在接收单元电路中,可采用可变阈值检测、峰值检测、温度补偿和相位补偿等技术,以获得较高的检测精度。

腕力传感器测量末端执行器所受力/力矩的大小和方向,从而确定末端执行器的运动方向。

三、装配机器人产线的工艺布局

装配机器人线工艺布局主要根据生产工艺来确定,通过对工艺的梳理优化和物流、信息流、能量流的梳理来确定布局形式。

由装配机器人组成的柔性化装配单元,可实现物料自动装配,其合理的工位布局将直接影响生产效率。在实际生产中,常见的装配工作站可采用回转式布局和线式布局。

1. 回转式布局

回转式装配工作站可将装配机器人聚集在一起进行配合装配,也可进行单工位装配,灵活性较大,可针对一条或两条生产线,具有较小的输送线成本,可减小占地面积,广泛应用于大、中型装配作业,如图 5-19 所示。

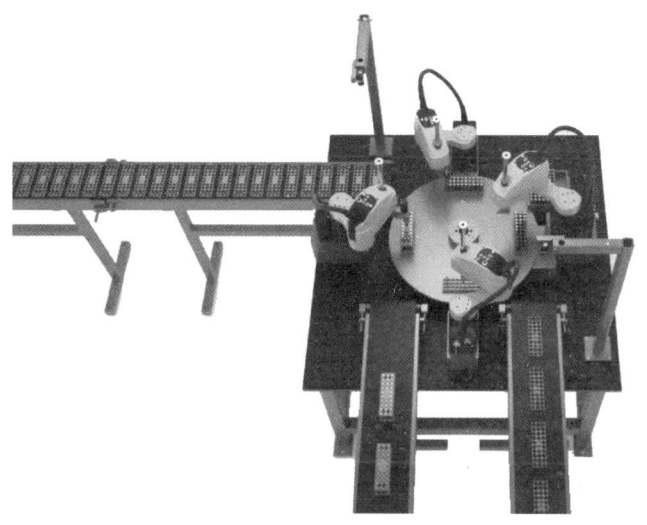

图 5-19　回转式布局

2. 线式布局

线式装配机器人依附于生产线,排布于生产线的一侧或两侧,具有生产效率高、节省装配资源、节约人员维护成本、一人便可监视全线装配等优点,广泛应用于小物件装配场合,如图 5-20 所示。

图 5-20　线式布局

任务实施

为完成在智能装备博览会上对客户就公司装配机器人系统集成组成及特点进行介绍的工作任务,并依据客户实际需求拟定装配系统集成设计方案,需完成以下工作:

(1) 熟悉需介绍的公司产品——装配机器人集成系统结构与特点;

(2) 熟悉装配机器人集成系统外围设备的选型及工艺布局;

(3) 给客户讲解装配机器人集成系统结构及外设选型与工艺布局;

(4) 对与客户交流沟通过程进行记录并整理相关资料文档;

(5) 填写任务工单。

任务工单如表 5-5 所示。

表 5-5 装配机器人认知实施任务工单

姓名		学号		地点
班级		时间		
装配机器人认知实施任务工单				
序号	主要工作内容	完成情况		备注
1	熟悉需介绍的公司产品——装配机器人结构与特点			
2	熟悉装配机器人类别及系统集成			
3	根据客户要求提出装配机器人系统集成方案			
4	对与客户交流沟通过程进行记录并整理相关资料文档			
教师评分:			教师签名:	

考核评价

完成该任务后,应全面熟悉装配机器人分类、结构与特点,能根据客户需求提出装配机器人系统集成方案。请根据表 5-6 对照检查是否掌握了该任务实施过程中所需的知识点与技能点,是否具备了相关职业素养。

任务考核评价包括学生自评、学生互评、教师评价等三个维度。

表 5-6 考核与评价表

序号	评分点	评分标准	不同评价维度得分		分项得分
1	能准确说出装配机器人分类与特点(20分)	表述正确得 20 分,表述基本正确得 12 分,表述错误不得分	学生自评		
			学生互评		
			教师评价		
2	能准确说出装配机器人及集成系统组成结构(20分)	表述正确得 20 分,表述基本正确得 12 分,表述错误不得分	学生自评		
			学生互评		
			教师评价		
3	能根据客户需求提出装配机器人系统集成方案(30分)	方案可行得 30 分,方案基本可行得 18 分,方案不可行不得分	学生自评		
			学生互评		
			教师评价		

序号	评分点	评分标准	不同评价维度得分		分项得分
4	能正确填写任务工单（10分）	填写正确得 10 分,填写基本正确得 6 分,填写不正确,每项扣 2 分,扣完为止	学生自评		
			学生互评		
			教师评价		
5	体现良好的职业素养（20分）	与客户交流中体现良好的职业素养,包括穿着、言谈举止、敬业精神、团队意识等方面。根据以上评分点扣分,每违反一项扣 5 分,扣完为止	学生自评		
			学生互评		
			教师评价		

总评得分:

教师签名:　　　　　　　学生 A 签名:　　　　　　　学生 B 签名:

考核评价时间:

注:分项得分＝学生自评×20％＋学生互评×30％＋教师评价×50％。

课 后 练 习

1. 简述装配机器人控制系统的特点。
2. 装配机器人常用哪些传感器?
3. 简述装配机器人工作站的工艺布局。

微信扫码测试

任务四　搬运机器人认知

任务目标

1. 了解搬运机器人特点与分类。
2. 了解搬运机器人集成系统组成。
3. 熟悉搬运机器人的周边设备及选型。
4. 熟悉搬运机器人集成系统工艺布局。
5. 能就客户实际应用场合给出具体的搬运机器人集成系统设计方案。

任务描述

某机器人公司参加国内智能装备博览会,你作为公司派驻的现场工程师,就公司生产的搬运机器人集成系统向参会客户介绍,并给出具体的设计方案,使客户更好地了解公司产品,便于产品推广。

知识准备

搬运机器人(transfer robot)是可以进行自动化搬运作业的工业机器人。最早的搬运机器人于 1960 年出现在美国,Versatran 和 Unimate 两种机器人首次用于搬运作业。搬运作业是指用一种设备握持工件,从一个加工位置移到另一个加工位置的作业。搬运机器人可安装不同的末端执行器以完成各种不同形状和状态的工件搬运工作,大大减轻了人类繁重的体力劳动。世界上使用的搬运机器人逾 10 万台,被广泛应用于机床上下料、冲压机自动化生产线、自动装配流水线、码垛搬运、集装箱等的自动搬运。部分发达国家已制定出人工搬运的最大限度,超过限度的必须由搬运机器人来完成。

一、搬运机器人的特点及分类

1. 搬运机器人的特点

1)紧凑型设计

搬运机器人

该设计使机器人的荷重最大,并使其在物料搬运、上下料以及弧焊应用中的工作范围得以最优化。具有同类产品中最高的精确度及加速度,可确保高产量及低废品率,从而提高生产率。

2)可靠性与经济性兼顾

机器人结构坚固耐用,例行维护间隔时间长。机器人采用具有良好平衡性的双轴承关节钢臂,第 2 轴配备扭力撑杆,并装备免维护的齿轮箱和电缆,达到了极高的可靠性。为确保运行的经济性,传动系统采用优化设计,实现了低功耗和高转矩兼顾。

3)具备多种通信方式

具备串口、网络接口、PLC、远程 I/O 和现场总线接口等多种通信方式,能够方便地实现与小型制造工位及大型工厂自动化系统的集成,为设备集成铺平道路。

4)缩短节拍时间

工艺管线均内嵌于机器人手臂,大幅降低了因干扰和磨损导致停机的风险。这种集成式设计还能确保运行加速度始终无条件保持最大化,从而显著缩短节拍时间,增强生产可靠性。

5)加快编程进度

中空臂技术进一步增大了离线编程的便利性。管线运动可控且易于预测,使编程和模拟能如实预演机器人系统的运行状态,大幅缩短程序调试时间,加快投产进度。编程时间从头至尾最多可节省 90%。

6)提高生产能力和利用率

拥有大作业范围,因此一个机器人能够在一个机器人单元或多个单元内对多个站点进行操作。该型机器人除能够进行"基本"物料搬运之外,还能完成增值作业任务,这一点有助于提高机器人的利用率。

7)降低投资成本

所有管线均采用妥善的紧固和保护措施,不仅减小了运行时的摆幅,还能有效防止焊接飞溅物和切削液的侵蚀,显著延长了使用寿命。其采购和更换成本最多可降低 75%,还可每年减少多达三次的停产检修。

8)节省空间

设计紧凑,无松弛管线,占地极小。在物料搬运和上下料作业中,机器人能更加靠近所配套的机械设备。在弧焊应用中，上述设计优势可降低与其他机器人发生干扰的风险，为高密度、高产能作业创造了有利条件。

9）高作业能力和高人员安全标准

在设备管理应用环境下，它可以提供比传统解决方案更为理想的操作。该型机器人可以从顶部和侧面到达机器。此外，顶架安装的机器人能够从机器正面到达机器，以进行维护作业、小规模搬运和快速切换等工作。由于在手动操作机器时机器人不在现场，因此可以提高人员安全性。

10）灵活的安装方式

安装方式包括落地安装、斜置安装、壁挂安装、倒置安装以及支架安装，有助于减少占地面积以及增加设备的有效应用，其中壁挂式安装的表现尤为显著。这些特点使工作站的设计更具创意，并且优化了各种工业领域。

2．搬运机器人的分类

从结构形式上看，搬运机器人可分为龙门式搬运机器人、悬臂式搬运机器人、侧壁式搬运机器人、摆臂式搬运机人和关节式搬运机器人。

1）龙门式搬运机器人

其坐标系主要由 x 轴、y 轴和 z 轴组成。其多采用模块化结构，可依据负载位置、大小等选择对应直线运动单元及组合结构形式（在移动轴上添加旋转轴便可成为四轴或五轴搬运机器人）。其结构形式决定了其负载能力，可实现大物料、重吨位物料搬运，采用直角坐标系，编程方便快捷，广泛运用于生产线转运及机床上下料等大批量生产过程。

2）悬臂式搬运机器人

其坐标系主要由 x 轴、y 轴和 z 轴组成。其也可随不同的应用采取相应的结构形式（在 z 轴的下端添加旋转轴或摆动轴就可以延伸成为四轴或五轴机器人）。此类机器人结构多数为 z 轴随 y 轴移动，但有时针对特定的场合，y 轴也可在 z 轴下方，方便进入设备内部进行搬运作业，广泛应用于卧式机床、立式机床及特定机床内部和冲压机热处理机床的自动上下料。

3）侧壁式搬运机器人

其坐标系主要由 x 轴、y 轴和 z 轴组成。其也可随不同的应用采取相应的结构形式（在 z 轴的下端添加旋转轴或摆动轴就可以延伸成为四轴或五轴机器人）。该机器人专用性强，主要应用于立体库类，如档案自动存取、全自动银行保管箱存取系统等。

4）摆臂式搬运机器人

其坐标系主要由 x 轴、y 轴和 z 轴组成。z 轴主要是升降轴，也称为主轴。y 轴的移动主要通过外加滑轨实现，x 轴末端连接控制器，其绕 x 轴转动，实现四轴联动。此类机器人具有较高的强度或稳定性，广泛应用于国内外生产厂家，是关节式机器人的理想替代品，但其负载程度相对于关节式机器人小。

5）关节式搬运机器人

关节式搬运机器人是当今工业应用中常见的机型之一，其拥有 5～6 个轴，行为动作类似于人的手臂，具有结构紧凑、占地空间小、相对工作空间大、自由度高等特点，适合于几乎任何轨迹或角度的工作。采用标准关节机器人配合供料装置，就可以组成一个自动化加工单元。一个机器人可以服务于多种类型加工设备的上下料，从而节省自动化成本。由于采用关节机器人单元，自动化单元的设计制造周期短、柔性大，产品换型转换方便，甚至可以实现较大变化的产品形状的换型要求。有的关节式机器人可以内置视觉系统,对于一些特殊的产品,还可以通过增加视觉识别装置对工件的放置位置、相位、正反面等进行自动识别和判断,并根据结果进行相应的动作,实现智能化的自动化生产,同时可以让机器人在装卸工件之余,进行工件的清洗、吹干、检验和去毛刺等作业,大大提高了机器人的利用率。关节式机器人可以落地安装、天吊安装,也可以安装在轨道上服务更多的加工设备。

二、搬运机器人的系统组成

搬运机器人是包括相应附属装置及周边设备而形成的一个完整系统。以关节式搬运机器人为例,其工作站主要由操作机、控制系统、搬运系统(气体发生装置、真空发生装置和手爪等)和安全保护装置等组成。操作者可通过示教器和操作面板进行搬运机器人运动位置和动作程序的示教,设定运动速度、搬运参数等。

1. 机器人本体

关节式搬运机器人常见的本体一般为4～6轴,搬运机器人本体运动轴如图5-21所示。搬运机器人本体在结构设计上与其他关节式工业机器人本体类似,在负载较轻时两者本体可以互换,但负载较重时搬运机器人本体通常会有附加连杆,其依附于轴形成平行四连杆机构,起到支撑整体和稳固末端的作用,且不因臂展伸缩而发生变化。6轴搬运机器人本体部分具有回转、抬臂、前伸、手腕旋转、手腕弯曲和手腕扭转6个独立旋转关节,多数情况下5轴搬运机器人略去手腕旋转这一关节,4轴搬运机器人则略去了手腕旋转和手腕弯曲这两个运动关节。

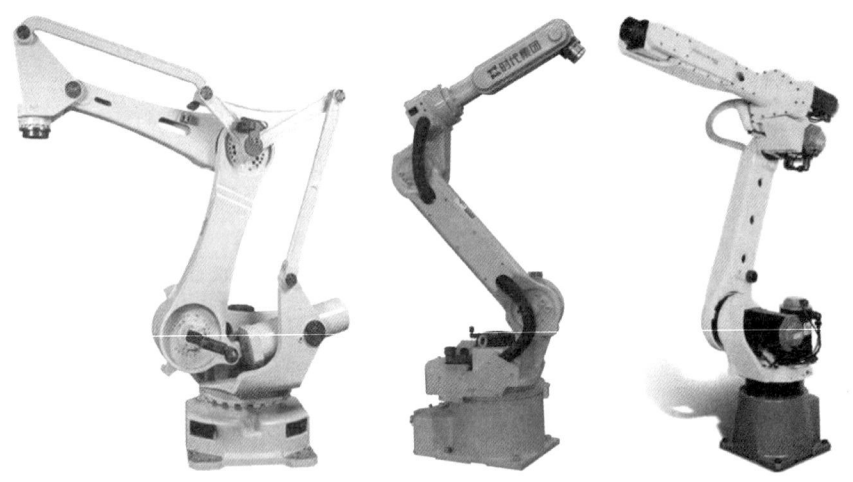

图5-21 关节式搬运机器人本体运动轴

2. 末端执行器

人类的手是最灵活的肢体部分,能完成各种各样的动作和任务。同样,机器人的手部是完成抓握工件或执行特定作业的重要部件,也需要有多种结构。

机器人的手部也称为末端执行器,它是装在机器人腕部,直接抓握工件或执行作业的部件。人的手有两种定义:一种是医学上把包括上臂、腕部在内的整体称为手;另一种是把手掌和手指部分称为手。机器人的手部接近后一种定义的手。

机器人的手部是最重要的执行机构,从功能和形态上看,它可分为工业机器人的手部和仿人机器人的手部。目前,前者应用较多,也比较成熟。工业机器人的手部是用来握持工件或工具的部件。由于被握持工件的形状、尺寸、重量、材质及表面状态各不相同,手部结构也是多种多样的。大部分的手部结构都是根据特定的工件要求而专门设计的。

1）机器人手部的特点

（1）手部与腕部相连处可拆卸。手部与腕部之间有机械接口,也可能有电、气、液接头。工业机器人作业对象不同时,可以方便地拆卸和更换手部。

（2）手部是机器人末端执行器。它可以像人手那样具有手指,也可以不具备手指;可以是类人的手爪,也可以是进行专业作业的工具,比如装在机器人腕部上的喷漆枪、焊接工具等。

（3）手部的通用性比较差。机器人手部通常是专用的装置,例如,一种手爪往往只能抓握一种或几种在形状、尺寸、重量等方面相近似的工件;一种工具只能执行一种作业任务。

2）机器人手部的性质

机器人手部是一个独立的部件。假如把腕部归属于手臂,那么机器人机械系统的三大件就是机身、手臂和手部。

手部对整个工业机器人来说是完成作业好坏以及作业柔性好坏的关键部件之一,具有复杂感知能力的智能化手爪的出现增大了工业机器人作业的灵活性和可靠性。目前有一种会弹钢琴的表演机器人的手部功能已经与人手十分相近,具有多个多关节手指,一个手有二十余个自由度,每个自由度独立驱动。目前工业机器人手部的自由度还比较少,把具备足够驱动力量的多个驱动源和关节安装在紧凑的手部内部空间是十分困难的。

三、搬运机器人的周边设备与工位布局

用机器人完成一项搬运作业,除了需要搬运机器人外还需要周边辅助设备。为了节约空间,合理的机器人布局尤为重要。

1. 周边设备

1）滑移平台

在某些搬运场合,由于搬运空间大,搬运机器人的末端工具无法到达指定的搬运位置或姿态,此时可通过增加外部轴的办法来增加机器人的自由度。其中增加滑移平台是搬运机器人增加自由度最常用的方法,其可安装在地面上或龙门框架上。

2）搬运系统

搬运系统主要包括真空发生装置、气体发生装置、液压发生装置等,均为标准件。一般的真空发生装置和气体发生装置均可满足吸盘和气动夹钳所需动力,企业常用空气控压站对整个车间提供压缩空气和抽真空;液压发生装置的动力元件（电动机、液压泵等）布置在搬运机器人周围,执行元件（液压缸）与夹钳体需安装在搬运机器人末端法兰上,与气动夹钳类似。

2. 工位布局

由搬运机器人组成的加工单元或柔性化生产单元可完全代替人工实现物料自动搬运,因此搬运机器人工作站布局是否合理将直接影响搬运速率和生产节拍。根据车间场地面积,在有利于提高生产节拍的前提下,搬运机器人工作站可采用 L 形、环状、"品"字、"一"字等布局。

（1）L 形布局。将搬运机器人安装在龙门框架上,使其在机床上方行走,可大幅度节约地面资源。

（2）环状布局。环状布局又称"岛式加工单元",以关节式搬运机器人为中心,机床围绕其形成环状,进行工件搬运加工,可提高生产效率、节约空间,适合小空间厂房作业。

(3)"一"字布局。直角桁架机器人通常要求设备成一字排列,对厂房高度、长度具有一定要求,因其工作运动方式为直线编程方式,故很难满足对放置位置、相位等有特别要求的工件上下料作业的需要。

任务实施

为完成在智能装备博览会上对客户就公司搬运机器人系统集成组成及特点进行介绍的工作任务,并依据客户实际需求拟定搬运系统集成设计方案,需完成以下工作:

(1)熟悉需介绍的公司产品——搬运机器人集成系统结构与特点;

(2)熟悉搬运机器人集成系统外围设备的选型及工艺布局;

(3)给客户讲解搬运机器人集成系统结构及外设选型与工艺布局;

(4)对与客户交流沟通过程进行记录并整理相关资料文档;

(5)填写任务工单。

任务工单如表5-7所示。

表5-7 搬运机器人认知实施任务工单

姓名		学号		地点
班级		时间		

搬运机器人认知实施任务工单

序号	主要工作内容	完成情况	备注
1	熟悉需介绍的公司产品——搬运机器人结构与特点		
2	熟悉搬运机器人类别及系统集成		
3	根据客户要求提出搬运机器人系统集成方案		
4	对与客户交流沟通过程进行记录并整理相关资料文档		

教师评分: 教师签名:

考核评价

完成该任务后,应全面熟悉搬运机器人分类、结构与特点,能根据客户需求提出搬运机器人系统集成方案。请根据表5-8对照检查是否掌握了该任务实施过程中所需的知识点与技能点,是否具备了相关职业素养。

任务考核评价包括学生自评、学生互评、教师评价等三个维度。

表5-8 考核与评价表

序号	评分点	评分标准	不同评价维度得分	分项得分
1	能准确说出搬运机器人分类与特点(20分)	表述正确得20分,表述基本正确得12分,表述错误不得分	学生自评	
			学生互评	
			教师评价	
2	能准确说出搬运机器人及集成系统组成结构(20分)	表述正确得20分,表述基本正确得12分,表述错误不得分	学生自评	
			学生互评	
			教师评价	

续表

序号	评分点	评分标准	不同评价维度得分		分项得分
3	能根据客户需求提出搬运机器人系统集成方案（30分）	方案可行得30分,方案基本可行得18分,方案不可行不得分	学生自评		
			学生互评		
			教师评价		
4	能正确填写任务工单（10分）	填写正确得10分,填写基本正确得6分,填写不正确,每项扣2分,扣完为止	学生自评		
			学生互评		
			教师评价		
5	体现良好的职业素养（20分）	与客户交流中体现良好的职业素养,包括穿着、言谈举止、敬业精神、团队意识等方面。根据以上评分点扣分,每违反一项扣5分,扣完为止	学生自评		
			学生互评		
			教师评价		

总评得分：

教师签名： 学生 A 签名： 学生 B 签名：

考核评价时间：

注：分项得分＝学生自评×20％＋学生互评×30％＋教师评价×50％。

课 后 练 习

1. 简要说明搬运机器人手部特点。
2. 简述搬运机器人周边设备。
3. 简述搬运机器人工位布局。

微信扫码测试

思 政 园 地

北京冬奥会上忙碌的机器人

2022年北京冬奥会如期开幕,在疫情防控的背景下,众多机器人走向了自己的工作岗位,如防疫机器人、雾化消毒机器人、巡检机器人、引导机器人、递送机器人、物流机器人、炒菜机器人、送餐机器人,智能医疗机器人等。北京冬奥会上国产机器人的出现展现了中国科技实力的进步,实现了科技赋能奥运。

中国航天科工第三研究院三十一所研发的火炬接力机器人,从冰面滑行入水,在水中交接火炬,再浮出冰面,让人叹为观止。这个环节由水陆两栖机器人与水下变结构机器人共同完成,包括机器人冰面滑行入水、水下火炬交接传火、机器人出水,传递中还出现了"水火相融"的景象。

　　河南布科思机器人有限公司生产的雾化消毒机器人和 UV 紫外线消毒机器人应用于冬奥会场馆的消杀工作。布科思雾化消毒机器人采用化学消毒的方式,一次能装 16 L 消毒水,通过头顶上的四向喷头将液化的消毒液喷洒至空气中,1 min 消毒面积可达 36 m²,单台机器人消毒面积最多可达 1000 m²,续航时间为 4～5 h,用于冬奥会场馆大场景的消杀工作。布科思雾化消毒机器人因只需每天提前加好消毒液,到设定时间自己就可以启动执行消杀任务的便利易操作特性而受得到组委会青睐。布科思 UV 紫外线消毒机器人通过 254 nm 紫外线对区域进行消毒,消杀效果非常彻底,用于冬奥会场馆核心区域的小场景消杀工作。

　　京东物流凭借在体育赛事物流服务保障方面的丰富经验成为冬奥会的物流服务商,京东的多款机器人及物流设备在冬奥会中也得到应用。在冬奥会场馆闭环内外两层铁马之间 4 m 的缓冲区内,京东物流的室外智能物流机器人承担起运送大件物品、保障闭环内人员所

需物资的职责。据了解,室外智能物流机器人承重能力在 $30 \sim 300$ kg,可实现无人接触式的单项终端配送,可以自由移动、自主避障、自动回充,还可以智能规划路径,工作人员只需要将他们想要交付的货物放在物流机器人的顶部,机器人就会运送到交付站并根据预设的路线卸载货物,这将极大减少人员接触。

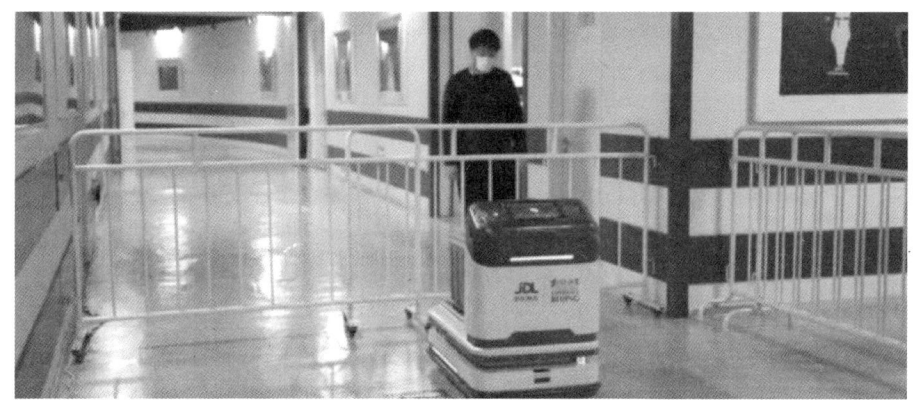

北京猎户星空的智能咖啡设备(大白机器人)是一个双臂协作机器人,由两条六轴协作式机械臂组成,左右机械臂可以同时开工,能精准执行各种不同的动作,可完成取豆、称重、取水、上水、冲泡等一系列咖啡制作工艺。大白机器人复刻了大师级手冲咖啡的流程,能像星级咖啡师一样在进行拉花工艺展示的同时保证每一杯咖啡都能达到最好效果。只需 4 min,冲咖啡"大师"机器人就可制作一杯醇香的咖啡。

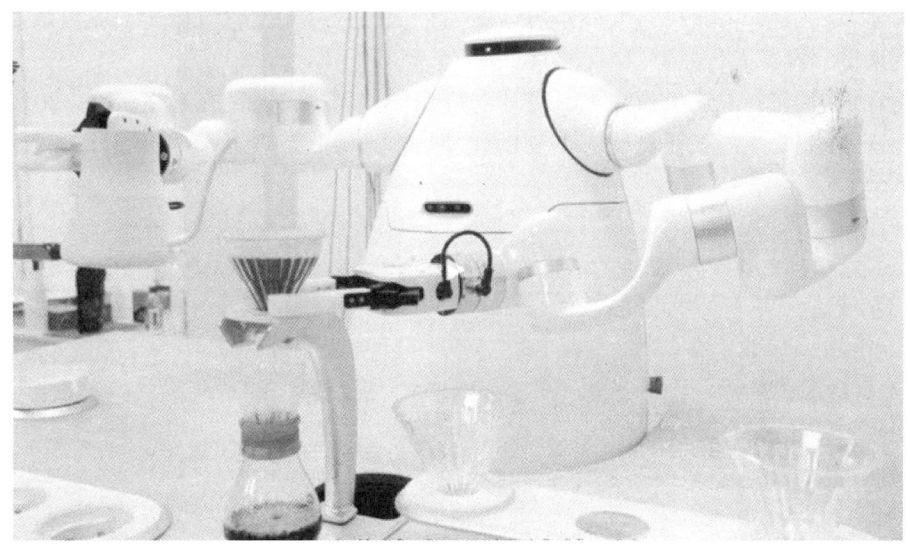

参 考 文 献

[1] 刘泽祥,卢金平,杨航. 工业机器人虚拟仿真与离线编程[M].西安:西北工业大学出版社,2019.

[2] 周文军,等. 工业机器人工作站系统集成(ABB)[M].北京:高等教育出版社,2018.

[3] 陶守成,周平. 工业机器人技术基础[M].北京:人民交通出版社,2019.

[4] 胡伟,等. 工业机器人行业应用实训教程[M].北京:机械工业出版社,2016.

[5] 郭灿彬,刘红芳. 工业机器人编程与应用[M].武汉:华中科技大学出版社,2018.

[6] 夏智武,许妍妩,迟澄. 工业机器人技术基础[M].北京:高等教育出版社,2018.

[7] 郑重,韩勇. 工业机器人离线编程与仿真[M].北京:人民交通出版社,2019.

[8] 刘杰,王涛. 工业机器人离线编程与仿真项目教程[M].武汉:华中科技大学出版社,2019.

[9] 张宏立,刘罗仁. 工业机器人典型应用[M].北京:北京理工大学出版社,2017.

[10] 张宏立,何忠悦. 工业机器人操作与编程(ABB)[M].北京:北京理工大学出版社,2017.

[11] 关宁,梁兴建. 工业机器人操作与运维项目化教程[M].北京:化学工业出版社,2022.

[12] 迟明路. 机器人传感器[M].北京:电子工业出版社,2022.

[13] 陶守成,周平. 工业机器人夹具设计与应用[M].北京:人民交通出版社,2019.

[14] 周正军,张志明. 工业机器人工装设计[M].北京:北京理工大学出版社,2017.